비밀
과자 반죽의
맛있는

맛있는 과자 반죽의 비밀

[시 작 하 며]

과자 레시피를 고안할 때 제가 가장 먼저 생각하는 것이 있습니다.

'과자를 만든 경험이 어느 정도인가'
'어떤 독자를 위한 것인가'

재료를 하나 더 넣거나 만드는 과정을 하나 더 늘리면 과자가 더욱 맛있어진다는 점을 잘 알고 있지만, 굳이 늘리지 않고 그대로 제안할 때가 많습니다. 왜냐하면 '재료를 일부러 사러 가야 한다'는 점과 '만드는 과정이 너무 길면 이해하기 어렵다'는 점을 잘 알기 때문이에요.
레시피가 아무리 완벽해 보여도 결과적으로 독자들이 만들지 못하거나 도움이 되지 않는다면, 그것은 요리 연구가가 제안하는 레시피로서 의미가 없다고 생각합니다.

예를 들어 '달걀을 섞는' 과정에서, 달걀을 '그대로 섞을'지 '거품을 내어 섞을'지 고민이 될 때는 과정이 적은 '그대로 섞는' 방법을 선택해 보다 간단하고 맛있게 만들 수 있는 레시피를 소개해왔습니다.
동시에 만드는 방법의 차이로 완성도와 맛이 어떻게 변하는지 이유를 자세히 설명하면 사람들이 과자 만들기에 더욱 흥미를 가지지 않을까 하는 생각도 점점 커졌습니다.
그래서 지금까지의 '만들기 쉬운 레시피를 전달한다'는 생각을 잠시 뒤로하고, 개인적으로 나 자신과 소중한 사람을 위해 만드는 비장의 레시피를 여러분에게 보여줘야겠다고 결심했습니다.

만드는 방법은 과정 사진으로 최대한 자세히 소개하고 하나하나의 공정에 이유나 요령이 있는 것은 Q&A 형식으로 끈질기고, 또 끈질기게 설명하였습니다. 어쩌면 잔소리처럼 느껴질지도 모르겠어요.
더 잘 이해할 수 있고, 실패하지 않고 만들었으면 하는 생각에서 제가 실제로 만드는 모습을 촬영한 동영상도 첨부했습니다.

진짜 맛있는 과자는 우연히 만들어지지 않습니다. 그리고 직접 만들어보지 않으면 실력은 향상되지 않습니다.
이 책에서는 제 지식과 경험을 모두 담아, 지금까지 가장 맛있다고 생각한 반죽 아홉 종류를 엄선해 소개하고 있습니다.
여러분도 각오하고 따라와 주시기 바랍니다.

당신의 과자는, 더 맛있게 만들 수 있습니다!

무라요시 마사유키

[목 차]

이 책을 보는 방법

- 1작은술은 5ml, 1큰술은 15ml입니다.
- 이 책에서 사용하는 달걀은 모두 M사이즈(전란 50g·달걀노른자 20g·달걀흰자 30g)입니다.
- 이 책에서는 전기오븐을 사용합니다. 오븐은 미리 설정 온도로 예열해둡니다. 또한 오븐은 기종에 따라 굽는 정도가 다르므로, 가지고 있는 오븐의 굽는 정도를 알아두는 것이 중요합니다.
- 전자레인지는 기종에 따라 가열 정도가 다르므로 상태를 봐가며 조절합니다.

동영상

- 기본이 되는 9종의 반죽 레시피는 모두 동영상 레슨이 있습니다. 스마트폰이나 태블릿으로 QR 코드를 통해 웹 한정 동영상 레슨을 시청할 수 있습니다. 자세한 동작이나 반죽의 상태, 포인트도 알기 쉽게 설명되어 있어 요리교실처럼 즐길 수 있습니다.
- 스마트폰, 태블릿 기종에 따라 시청이 불가능할 수 있으며 영상 제공은 예고 없이 종료될 수 있습니다. 미리 양해를 부탁드립니다.

1. 쿠키 반죽

**버터와 밀가루 향이
느껴지면서도 가벼운 뒷맛.
최고의 쿠키는
계속 먹고 싶어지기
마련이다.**

누가 저에게 어떤 쿠키를 좋아하느냐고 물으면, 저는 '바삭바삭, 와작와작 씹히는 쿠키', '입안에 넣자마자 씹지 않아도 사르르 녹아 무너지는 쿠키'라고 답합니다. 이 두 가지 식감은 정반대이지만, 버터의 부드러운 향과 감칠맛을 잘 살려 만들면 무심코 손이 계속 가는 맛있는 쿠키가 완성됩니다.

버터 쿠키는 뒷맛이 묵직하다고 생각하기 쉽지만 그것은 실패한 쿠키입니다. 버터의 기름 냄새가 입안에 계속 남는 쿠키는 성공작이라고 말하기 어려워요.

쿠키는 먹은 후의 가벼운 여운이 매우 중요하며, 그러기 위해서는 '어떻게 버터를 녹이지 않고 반죽에 섞는가?'가 가장 중요한 문제입니다. '어차피 구울 때 녹는데 버터 상태가 중요한가…'라고 생각할 수도 있지만, 그것은 큰 착각이에요. 쿠키는 적은 재료로 만드는 심플한 과자이기 때문에 재료를 섞을 때의 순서와 상태에 따라 완성 모양과 식감이 눈에 띌 정도로 달라집니다. 입에 넣는 순간 버터와 밀가루의 향이 퍼지고, 다 먹은 후 여운이 사르르 사라지는 맛있는 쿠키가 될지, 혹은 그저 그런 평범한 쿠키가 될지는 여러분에게 달려 있습니다.

버터 쿠키(프레제)

바삭한 식감의 비법은 반죽과 버터를 확실히 섞어 고르게 만드는 것

쿠키 반죽에서는 버터의 양을 가루 양의 30~40%로 배합하는 것이 일반적인데, 버터를 좋아하는 저에게 가장 맛있는 배합은 가루 양의 50%에 달하는 버터를 섞는 것입니다. '그렇게나 많이 넣나'라고 생각할 수도 있지만 진한 맛과 바삭바삭, 와작와작한 식감을 한 번 맛보면 다른 쿠키는 오히려 부족하게 느껴질 정도입니다.

단, 버터 양이 많다는 것은 반죽 자체가 매우 질척거리고 잘 퍼져 만들기 어렵다는 뜻이기도 합니다. 실패하면 바삭한 식감으로 절대 구워지지 않습니다. 버터를 제대로 섞지 않아 반죽이 퍼지거나 유지가 새어나오지 않도록 하기 위해서 버터와 다른 재료를 매끄러워질 때까지 골고루 섞어 반죽을 조밀하게 만들 필요가 있습니다. 따라서 설탕은 그래뉴당보다 입자가 더 고운 슈거파우더를 사용하고, 여분의 공기가 들어가지 않도록 고무주걱으로 잘 섞는 것 외에도 손가락으로 만졌을 때 묻어나는 것이 없을 때까지 반죽을 볼 옆면에 눌러가며 섞어야 합니다. 그렇게 하면 버터가 반죽 속에 잘 섞이므로, 다 구워졌을 땐 한 번도 경험해 본 적 없는 바삭바삭한 식감과 부드럽게 퍼지는 버터의 향을 만나게 됩니다.

• 프레제 : 점성이 생기지 않게 고르게 섞는 방법

버터 쿠키(프레제)

굽는 시간	150℃ / 20~25분
재료 (3×3cm 크기 약 30개분)	무염버터 60g 슈거파우더 45g 소금 1꼬집 달걀 20g 박력분 100g
버터 쿠키 (프레제) 동영상 레슨	

사전준비

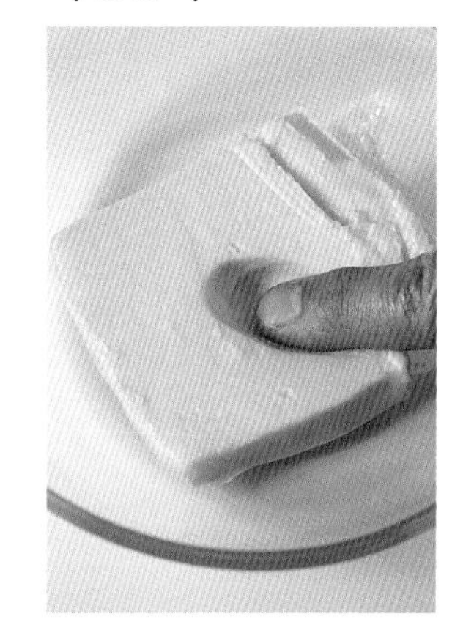

- 달걀은 풀어둔다.
- 버터와 달걀은 상온에 둔다.
- 박력분은 체에 친다.
- 유산지를 철판 크기에 맞춰 잘라 2장을 만든다.

? 버터를 상온에 두어 부드럽게 만드는 대신 전자레인지로 가열해도 되나요?

약(弱) 모드에서 상태를 봐가며 가열하세요.

쿠키가 가져야 하는 '식감'은 버터 상태에 의해 좌우됩니다. 상온에 두어 천천히 부드럽게 만들어도 좋지만, 버터 표면이 산화하여 향이 변하는 경우도 있습니다. 추천하는 방법은 전자레인지 '약 모드(300W)'로 10초씩 상태를 봐가며, 단시간에 부드럽게 만드는 방법. 단, 예기치 않게 너무 부드러워질 수도 있으므로, 조금씩 가열하여 손가락으로 눌렀을 때 쑥 들어갈 정도로 부드러워지면 마무리합니다. 전자레인지는 가운데 부분부터 열이 발생하므로, 10초씩 돌려가며 고무주걱으로 가운데를 눌러보고 상태를 확인하세요.

1 버터를 풀고, 슈거파우더와 소금을 넣어 섞는다.

볼에 버터를 넣고 고무주걱으로 부드러워질 때까지 으깬다. 슈거파우더와 소금을 넣고, 볼 옆면에 눌러가며 섞는다.

? 슈거파우더가 아니어도 만들 수 있나요?

다른 설탕도 괜찮습니다.

슈거파우더를 사용하면 입안에서 사르르 녹듯이 완성되지만, 같은 양의 다른 설탕으로도 만들 수 있습니다. 일반 그래뉴당이나 상백당 등 입자가 큰 설탕의 경우에는 확실하게 녹이는 것이 중요해요. 대충 녹이면 설탕 입자가 오돌토돌하게 남습니다. 설탕 입자가 살아 있는 식감을 좋아한다면 만드는 방법을 숙달한 후 재료나 섞는 방법을 달리해 만들어보아도 좋아요. 이 공정에서는 거품 낼 필요가 없으므로 반죽하듯 섞어 주세요.

2 달걀을 넣고 섞는다.

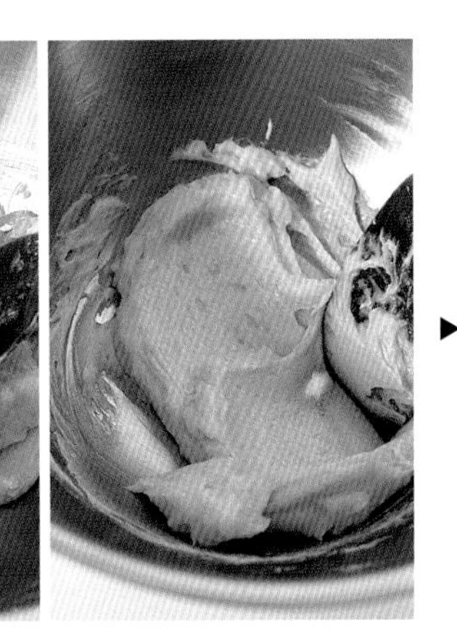

달걀을 2~3회에 나눠 넣는다. 이때 넣을 때마다 섞는다.

3 박력분을 넣고 비벼 섞는다.

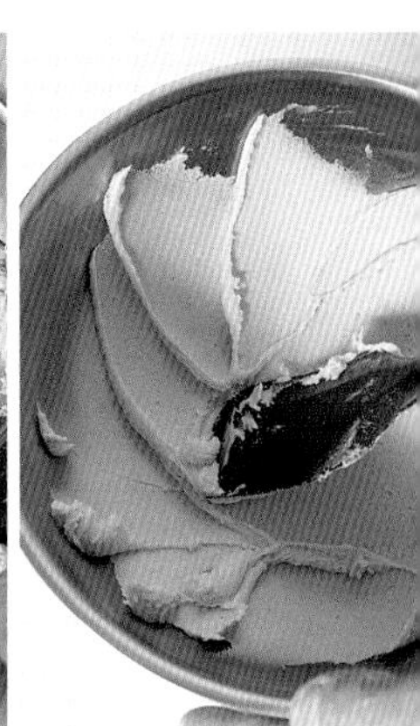

박력분을 넣고 볼 옆면에 눌러가며 가루 느낌이 없어지도록 비벼 섞는다. 맨오른쪽 사진과 같이 반죽 가장자리가 볼에서 약간 떨어지는 정도가 되도록 섞는다.

? 달걀을 2~3회에 나눠 넣는 이유는 무엇인가요?

한 번에 모두 넣으면 잘 섞이지 않아 실패의 원인이 됩니다.

'되기'와 '질감'이 서로 다른 재료를 섞을 때는 한 번에 섞지 않고, 조금씩 넣어가며 섞어야 합니다. 한 번에 섞는 것보다 조금씩 섞는 편이 더 빠르게 섞이고, 큰 수고 없이 좋은 상태를 만들 수 있어요. 또한 섞을 때에 달걀이 차가운 상태이거나 기온이 너무 낮으면 분리되는 경우도 있습니다. 그럴 때는 박력분 분량 중 1~2큰술을 먼저 넣으면 분리를 막을 수 있습니다.

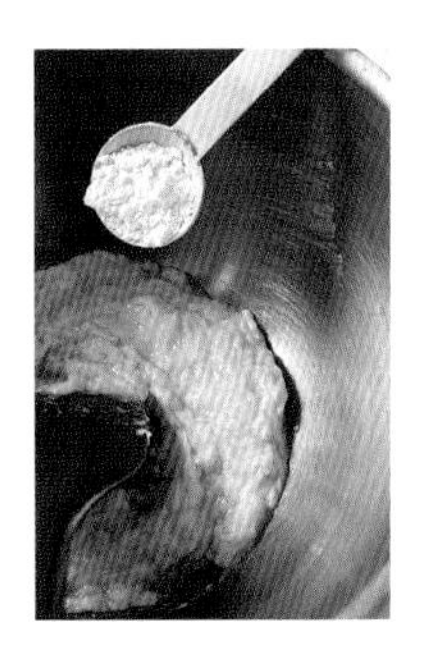

? 어느 정도 섞어야 하나요?

반죽의 가장자리가 볼에서 떨어질 때까지 섞는다.

바삭한 식감을 만들기 위해서는 반죽 가장자리가 볼에서 떨어지고 손가락에도 달라붙지 않을 정도가 되도록 확실히 섞어야 합니다. 볼 옆면을 누르듯 섞으면 거친 기포도 없어지고 결이 고른 부드러운 반죽이 만들어집니다.

4 반죽을 휴지시킨다.

비닐랩을 2장 겹쳐 펼치고 반죽을 올려 감싼다. 약 1cm 두께로 만든 다음 냉장실에 넣어 1시간 휴지시킨다.

5 반죽을 늘리고 다시 휴지시킨다.

반죽을 도마 등의 작업대에 꺼내 올리고, 밀대로 전체를 두드려 늘린다. 준비한 유산지 사이에 반죽을 넣고 5mm 두께가 되도록 고르게 민다. 유산지 사이에 넣은 채로 다시 냉장실에 넣어 30분간 휴지시킨다.

? 반죽을 휴지시키는 이유는 무엇인가요?

반죽의 불필요한 단단함과 탄력을 안정시키기 위해서입니다.

만드는 방법 3에서 결을 정리할 때 박력분도 함께 치대어지므로 반죽이 불필요하게 단단해지고 탄력이 생깁니다. 냉장실에서 휴지시켜 반죽을 안정시키면 식감이 나빠지는 것을 방지할 수 있습니다. 또 반죽을 냉동 보관하는 경우도 냉장실에서 휴지시킨 다음 냉동실로 옮겨주세요. 휴지시키지 않고 냉동하면 단단함과 탄력이 생긴 채로 얼기 때문에 자연해동 후 다시 휴지시키는 시간이 필요합니다.

? 반죽을 고르게 미는 방법은 무엇인가요?

밀대로 두드린 후 늘려주세요.

차가워진 반죽은 굳어 있기 때문에, 우선 밀대로 전체를 두드린 후 미는 것이 효율적입니다. 반죽의 두께를 균일하게 밀기 위해 먼저 밀대 아래에 손가락을 넣어 '손가락 두께를 기준'으로 하여 두께를 잡아둡니다. 밀대 가장자리를 잡으면 힘이 고르게 들어가지 않으므로 가운데에 손을 올려 굴려주세요.

6 반죽을 자르고 굽기 전에 휴지시킨다.

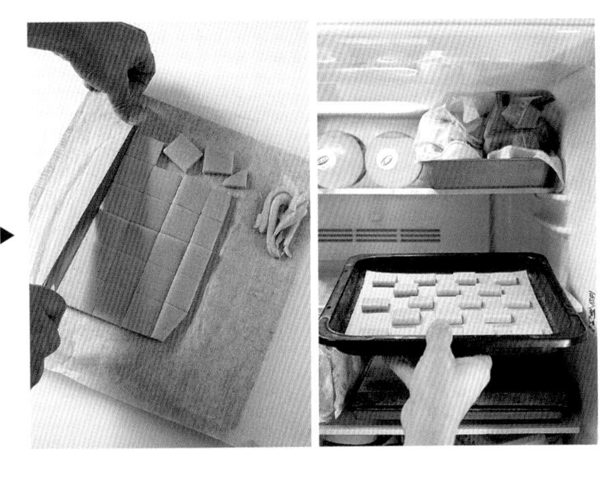

반죽을 도마 등의 작업대에 꺼내 올리고, 네 변의 가장자리를 조금씩 잘라내 사각형을 만든다. 약 30등분으로 자른다. 유산지를 깐 철판 위에 나란히 올리고, 철판째로 냉장실에 넣어 15분간 휴지시킨다.

7 150℃의 오븐에서 20~25분간 굽는다.

6을 150℃로 예열한 오븐에 넣고 20~25분간 굽는다. 반죽을 뒤집어보고 바닥에 구움색이 생겼으면 오븐에서 꺼내 철판째로 식힘망에 올려 식힌다.

? 반죽을 균등하게 자르는 요령은 무엇인가요?

재단할 위치를 꼬치로 표시해둡니다.

반죽 크기를 자로 잰 다음, 쿠키 1장 크기가 3×3cm가 되도록 꼬치로 표시를 합니다. 이 표시를 따라 자르기만 하면 일정한 크기로 자를 수 있습니다. 반죽 가장자리는 잘라내지 않아도 되지만, 잘라내면 더욱 고르게 구워져 보기에도 좋습니다. 잘라낸 자투리 반죽은 가볍게 뭉쳐 같은 방법으로 늘린 후 잘라 함께 구워주세요.

? 노릇노릇하게 잘 구우려면 어떻게 해야 하나요?

저온에서 차분히 오래 굽습니다.

150℃의 낮은 온도에서 천천히 시간을 들여 굽습니다. 다 구운 후 철판에 올린 채로 식히는 것도 중요해요. 남은 열로 쿠키 속까지 완전히 익힐 수 있으며, 노릇노릇하게 잘 구워진 상태로 바삭한 식감이 완성됩니다.

실패했나요?

실패 예 ① 반죽이 퍼지고 표면이 갈라졌다.

원인 버터가 녹았기 때문이다.

버터가 녹아 액체가 된 상태에서 가루류와 섞이면 반죽이 퍼지고 표면에 기름이 배어나옵니다. 사전준비 시 버터를 상온에 둘 때는 녹지 않도록 주의해주세요.

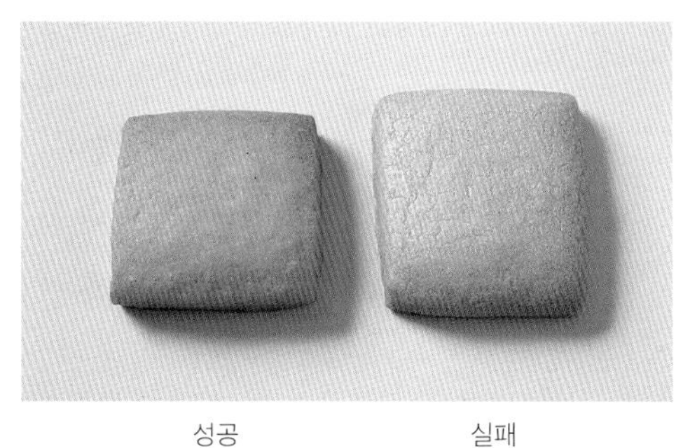

성공 실패

실패 예 ② 반죽이 오므라들고 휘었다.

원인 반죽을 휴지시키지 않았다.

반죽을 냉장실에서 확실히 휴지시키지 않으면 반죽이 단단해지고 탄력이 생깁니다. 그 상태로 구우면 반죽의 중심으로 열이 전달되지 않아 설익은 상태가 이어지고, 바깥쪽만 구워져 반죽이 휘거나 일그러집니다. 박력분을 섞으면 반드시 반죽을 휴지시킨 후 다음 공정을 진행합니다.

성공 실패

Arrange

버터 쿠키(프레제) 응용

재료를 더해 새로운 매력을 만들어봅시다.
바삭한 식감은 그대로 살리면서 다양한 맛을 만들 수 있어요.

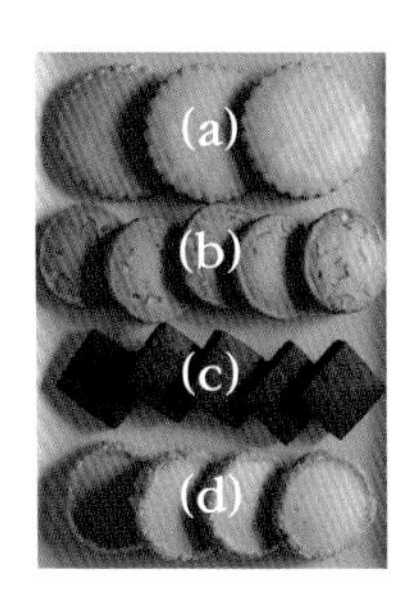

아이싱 더하기 (a)

귀여운 모양에 마음까지 사로잡히다

버터 쿠키 만드는 방법 6(P.16)에서 반죽을 냉장고에서 꺼내 취향에 맞는 모양틀로 찍고, 나머지는 같은 방법으로 만든다. 남은 열을 식힌 후, 슈거파우더 75g과 레몬즙 15g을 섞어 아이싱을 만들고 붓으로 바른다. 식힘망에 올리고, 손으로 만졌을 때 묻어나지 않을 정도까지 건조시킨다.

견과류 더하기 (b)

**고소함과 풍미가 배가되어,
한 번 먹으면 계속 먹고 싶어지는 맛**

버터 쿠키 만드는 과정 3(P.14)에서 반죽을 섞은 후, 구운 호두 50g을 1cm 정도의 크기로 잘라 넣고 고무주걱으로 볼 옆면을 눌러가며 섞는다. 막대기 모양으로 늘린 후 지름 약 3cm의 원통 모양으로 성형한다. 2장 겹친 비닐랩으로 감싸 냉장실에 넣은 다음 1시간 휴지시킨다. 반죽을 꺼내 가장자리에서부터 8mm 폭으로 자른 후, 그다음은 같은 방법으로 만든다.

- 같은 양의 다른 견과류로도 만들 수 있다.
- 5분 정도 더 구우면 보다 고소하게 완성된다.

코코아 더하기 (c)

씁쓸하고 깊은 뒷맛으로 어른도 좋아하는 맛

버터 쿠키 재료 중(P.12), 박력분 분량을 80g으로 변경한다. 코코아파우더 15g을 더하고 박력분과 합쳐 체에 친다. 그다음은 같은 방법으로 만든다.

- 코코아파우더는 같은 양의 말차나 콩고물로 대체해 만들 수 있다.

설탕 더하기 (d)

오돌토돌한 설탕의 입자가 포인트

버터 쿠키 만드는 방법 4(P.15)에서 반죽을 막대기 모양으로 늘리고, 지름 약 3cm의 원통 모양으로 만든다. 비닐랩을 2장 겹쳐 감싸고 냉장실에 넣어 1시간 휴지시킨다. 반죽을 꺼내 표면에 솔로 물 적당량을 얇게 바르고, 그래뉴당이 적당히 묻도록 굴린다. 가장자리에서부터 8mm 폭으로 자른 후, 그다음은 같은 방법으로 만든다.

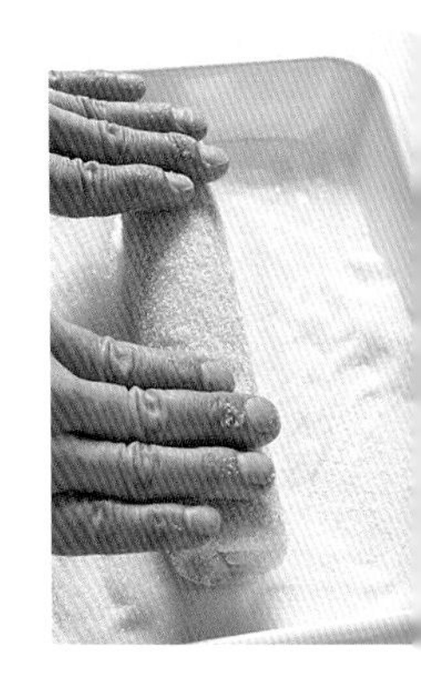

버터 쿠키(사블라주)

버터는 녹이지 않고
가루와 섞어
보슬보슬한 상태로 만든다
한 입 먹자마자
사로잡히는 식감

과자를 만들 때 '가루'는 모양과 식감을 좌우하는 주재료로, 중요한 역할을 담당합니다. 하지만 버터 쿠키는 바사삭 부서지는 식감으로 완성하기 위해 주재료의 기능을 최소한(모양을 유지할 정도)으로 줄이는 것이 중요합니다. 그러기 위해서는 가루와 버터를 먼저 비벼 섞어 코팅한 다음 가루끼리 서로 붙지 않는 상태를 만들면, 쿠키 모양을 유지하면서도 입에 넣자마자 부서지는 듯한 식감을 만들 수 있습니다.
가장 중요한 공정인 가루와 버터를 비벼 섞을 때, 버터가 절대 녹지 않도록 하는 것이 포인트입니다. 버터가 녹은 상태에서 가루를 섞으면 구울 때 반죽이 퍼지거나 산화한 듯한 기름 냄새가 납니다. 또 식감이 좋아도 맛과 향이 매우 좋지 않은 상태로 구워지기도 합니다. 버터는 최대의 적인 '손의 체온'에 의해 쉽게 녹으므로, 미리 재료를 차게 하여 작업을 순조롭게 진행시킵니다. 이건 어디까지나 저만의 방식이지만, 제 손에게도 뜨거워지지 말아달라고 부탁하며 작업에 임합니다. 때로 강한 염원은 과자 만들기에 유효하다고 믿거든요.

• 사블라주 : 가루와 유지를 손으로 비벼 섞어 보슬보슬하게 만드는 제법

버터 쿠키(사블라주)

굽는 시간	170℃ / 13~15분
재료 (2cm 크기 약 20개분)	무염버터 70g A │ 박력분 110g 　 │ 아몬드파우더 60g 그래뉴당 40g 소금 1꼬집 달걀노른자 1개분
버터 쿠키 (사블라주) 동영상 레슨	

사전준비

- 버터는 차가운 상태로 사방 2cm 크기로 잘라 냉장실에 넣어 차게 한다.
- A를 합쳐 체에 치고, 냉장실에 넣어 차게 한다.

? | **재료를 차게 해두는 이유는 무엇인가요?**

쿠키의 식감을 좋게 만들기 위해서입니다.
바사삭 부서지는 식감을 만들기 위해서는 버터를 녹이지 않고 가루와 섞는 것이 중요합니다. 작업 중에 버터가 녹는 것을 최대한 막기 위해 섞기 직전까지 가루류와 버터는 차게 해두세요. 또 아몬드파우더는 입자가 크므로 굵은 체에 치는 것이 좋습니다.

1 가루류와 버터를 합쳐 비벼 섞는다.

▶

볼에 A와 버터를 넣고 버터에 가루류를 버무린다. 손가락으로 버터를 으깨면서 가루류와 비벼 섞는다. 버터 입자가 잘아지면 양손으로 빠르게 비벼 섞어 보슬보슬한 상태를 만든다.

? 버터가 녹지 않도록 작업하는 포인트는 무엇인가요?

우선 버터에 가루류를 묻혀 코팅합니다.

손의 체온으로도 버터가 녹으므로 버터를 직접 만지면 안 됩니다. 우선 버터에 가루를 묻혀 평평하게 으깬 후, 빠르고 신중하게 보슬보슬한 상태가 되도록 버터에 가루류를 섞어주세요. 버터가 차가울 때 이 과정이 수월하게 진행되었는지에 따라 완성되었을 때 식감과 풍미도 달라집니다.

2 그래뉴당, 소금, 달걀노른자를 넣어 섞는다.

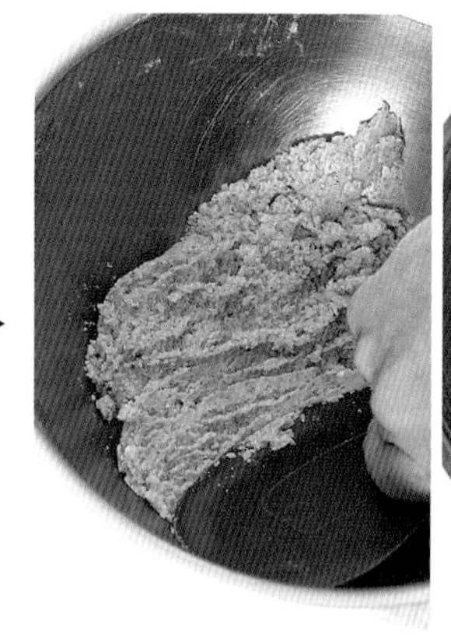

그래뉴당과 소금을 넣고 고무주걱으로 대강 섞는다. 달걀노른자를 넣고 빠르게 섞은 후, 볼 옆면에 눌러가면서 달걀노른자 덩어리가 없어질 때까지 비벼 섞는다.

3 스크래퍼로 섞어 반죽을 한 덩어리로 만든다.

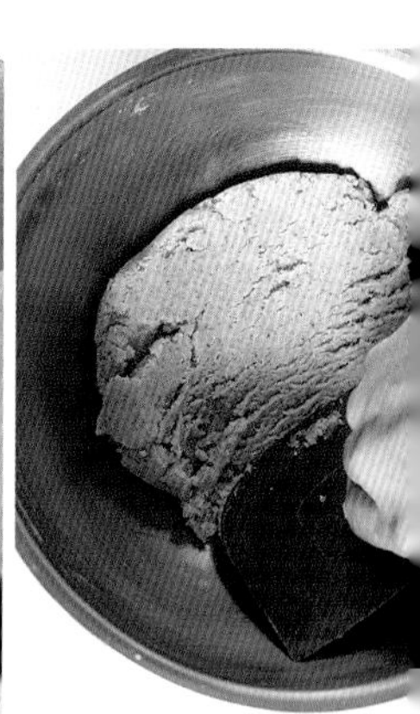

스크래퍼로 다시 2를 볼 옆면에 꾹꾹 눌러가며 반죽의 색감이 균일해지도록 섞는다.

? 달걀노른자의 수분만으로도 뭉쳐지나요?

비비듯이 섞으면 뭉쳐집니다.

이 버터 쿠키의 수분은 '달걀노른자'가 전부이기 때문에 가루류의 양에 비해 수분의 양이 매우 적은 편입니다. 달걀노른자는 군데군데 뭉치기 쉬우므로 빠르게 합쳐 전체에 고르게 섞어주세요. 단, 반죽하듯이 섞으면 탄력이 생겨 식감이 나빠지므로 주의합니다.

? 고무주걱을 스크래퍼로 바꾸는 이유는 무엇인가요?

빠르게 섞을 수 있기 때문입니다.

고무주걱보다 스크래퍼로 하는 편이 힘을 주어 넓은 범위를 섞을 수 있어 반죽이 빠르게 뭉쳐집니다. 비벼 섞을 때는 반죽을 눌러가며 안의 공기를 뺀다고 생각하며 작업합니다.

4 반죽을 분할해 둥글린다.

3을 15g씩 나눠 하나씩 둥글린다.

? 둥글릴 때 요령이 있나요?

버터가 녹기 전에 둥글립니다.

양손으로 부드럽게 감싸듯 빠르게 둥글립니다. 너무 오래 만지면 체온으로 버터가 녹아 사진과 같이 손이 반짝거리므로 주의합니다.

NG

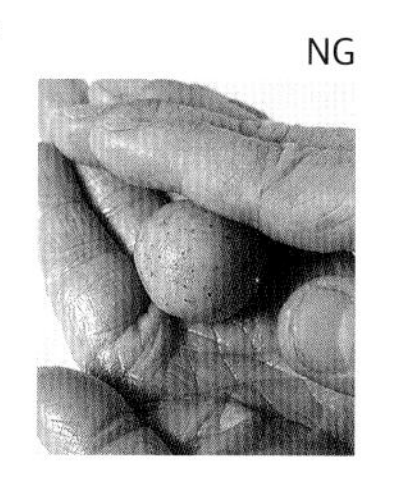

? 하나씩 계량하는 이유는 무엇인가요?

익는 정도에 차이가 생기기 때문입니다.

높이가 1cm 정도 되는 쿠키는 각각의 무게가 다르면 익는 정도에도 차이가 생깁니다. 큰 것은 속까지 익지 않아 설익은 상태가 되는 경우도 있습니다. 한 개당 무게가 3~5g 정도 차이가 나면 쿠키의 높이도 달라지므로, 둥글려 성형할 때는 반드시 계량을 합니다.

5 반죽을 휴지시킨다.

4를 트레이 위에 나란히 올리고 비닐랩을 덮은 다음 냉장실에 넣어 1시간 휴지시킨다.

6 170℃의 오븐에서 13~15분간 굽는다.

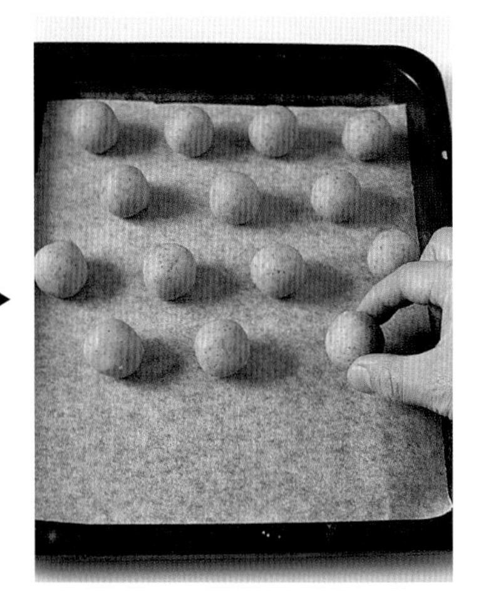

유산지를 깐 철판에 간격을 두어 5를 올린다.

? 굽기 전에도 반죽을 차게 만드는 이유는 무엇인가요?

반죽이 퍼지는 것을 막기 위해서입니다.

성형 시 부드러워진 반죽은 굽기 전에 차갑게 만듭니다. 차가운 상태에서 오븐에 넣어 단번에 구우면, 반죽이 퍼지기 전에 겉부터 구워져 보기 좋은 둥근 모양이 됩니다.

? 쿠키 반죽은 냉동 보관할 수 있나요?

냉동 보관할 수 있습니다. 단, 냉장실에서 자연 해동하도록 합니다.

트레이에 쿠키 반죽을 나란히 올린 상태에서 그대로 냉동실에 넣습니다. 반죽이 얼면 냉동용 지퍼팩이나 보관 용기에 옮겨도 됩니다. 얼기 전에 트레이에서 옮기면 반죽끼리 붙으면서 그 부분이 평평해집니다. 또 해동할 때는 반드시 냉장실에서 자연 해동을 해주세요. 반죽이 차갑지 않으면 구울 때 퍼져 실패의 원인이 됩니다.

? 어느 정도 굽나요?

겉과 바닥의 상태로 확인합니다.

겉면이 약간 갈라지고 바닥에 노릇한 구운 색이 들면 오븐에서 꺼냅니다. 구우면 반구형으로 퍼지므로 간격을 두고 철판에 올려주세요. 또 한 반죽에는 달걀노른자 1개분의 수분밖에 없고, 유분이 많기 때문에 저온에서 구우면 반죽이 퍼집니다. 고온에서 한 번에 단시간에 구우면, 반죽이 퍼지는 것을 막을 수 있습니다.

실패했나요?

170℃로 예열한 오븐에서 13~15분간 구운 후, 철판째로 식힘망 위에 올려 식힌다.

? **철판에 올린 채로 식히는 이유는 무엇인가요?**

남은 열로 쿠키 속까지 익히기 위해서입니다.
쿠키를 오븐에서 마지막까지 구우면 고소함이 먼저 풍기면서 버터의 풍미는 약해집니다. 최소한의 시간으로 구워 풍미를 남기고, 나머지는 철판의 남은 열로 속까지 익히면 풍미와 식감 모두 손상되지 않습니다.

실패 예 | 반죽이 퍼졌다.
원인 | 버터가 녹았기 때문이다.

버터를 직전까지 차갑게 해두지 않았거나, 버터가 가루류와 섞일 때 혹은 반죽을 둥글릴 때 녹았거나, 반죽을 냉장실에서 휴지시키지 않았거나 하는 등의 이유 중 하나라도 해당하는 게 있다면 반죽은 퍼집니다. 반드시 만들 때 버터가 녹지 않도록 주의하고, 반죽을 냉장실에서 확실히 휴지시켜 차갑게 해둡니다.

성공 실패

Arrange

버터 쿠키(사블라주) 응용

입안에서 보슬보슬 부서지는 듯한 식감은 유지시키면서, 재료의 맛과 향에 변화를 주었습니다. 분명 행복해지는 맛을 지닌 쿠키가 될 거예요.

모양 바꾸기 (a)

모양을 바꾸는 것만으로 인상이 바뀐다

버터 쿠키 만드는 방법 4(P.25)에서 반죽을 분할하지 않고, 비닐랩을 두 겹으로 감싸 약 1cm 두께로 민다. 냉장실에 넣어 1시간 휴지시킨다. 반죽을 꺼내 2×5cm의 막대기 모양으로 자른 후, 유산지를 깐 철판에 간격을 두어 나란히 올린다. 각각 꼬치로 구멍을 3개씩 낸 후, 그다음은 같은 방법으로 만든다.

슈거파우더 더하기 (b)

슈거파우더가 살살 녹는 스노볼 쿠키

버터 쿠키 만드는 방법 6(P.27)에서 남은 열을 식힌 다음 슈거파우더를 적당히 묻힌다. 유산지를 깔고 쿠키를 나란히 올려 완전히 식힌다.

- 버터 쿠키가 완전히 식기 전에 슈거파우더를 버무리면 표면에 보다 많이 묻힐 수 있다. 슈거파우더를 트레이에 넓게 펼치면 묻히기 쉽다.
- 단맛을 줄이고 싶다면 버터 쿠키를 완전히 식힌 다음 슈거파우더를 적당히 뿌린다.

견과류 더하기 (c)

통아몬드를 올려 식감에 포인트를 준다

버터 쿠키 만드는 방법 4(P.25)에서 반죽을 둥글린 후 구운 아몬드 약 20개를 하나씩 표면에 눌러 박는다. 그다음은 같은 방법으로 만든다.

- 같은 분량의 다른 견과류로도 만들 수 있다.
- 2~3분 더 오래 구우면 좀 더 고소하게 완성된다.

콩고물과 흑임자가루 더하기 (d)

쉽게 구할 수 있는 식재료로 깊은 맛과 감칠맛을 더한다

버터 쿠키 재료 중(P.22), 박력분 분량을 95g으로 바꾼다. 콩고물 10g을 더하고 박력분, 아몬드파우더와 합쳐 체에 친다. 만드는 방법 1에서 가루를 넣을 때 흑임자가루 5g도 같이 넣고, 그다음은 같은 방법으로 만든다.

- 콩고물을 같은 양의 코코아파우더나 말차로 대신해도 된다.

건조 과일과 슈거파우더 더하기 (e)

새콤달콤한 베리와 달콤한 슈거파우더로 진한 맛을 만든다

버터 쿠키 만드는 방법 4(P.25)에서 반죽을 둥글릴 때, 건조 크랜베리 약 20개를 하나씩 속에 넣어 둥글린다. 그다음은 같은 방법으로 만들고, 만드는 방법 6(P.27)에서 쿠키가 식으면 슈거파우더를 적당히 뿌린다.

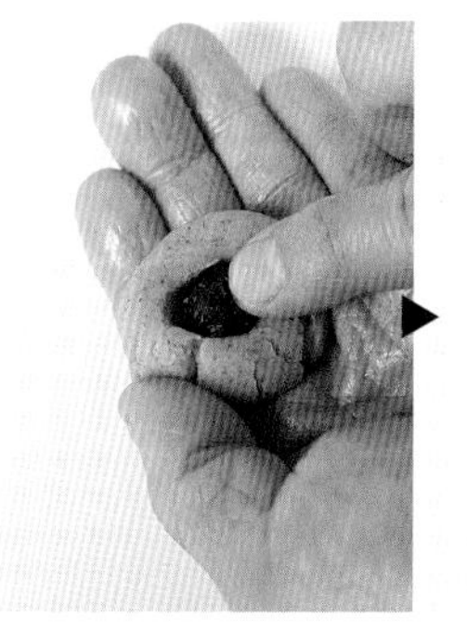

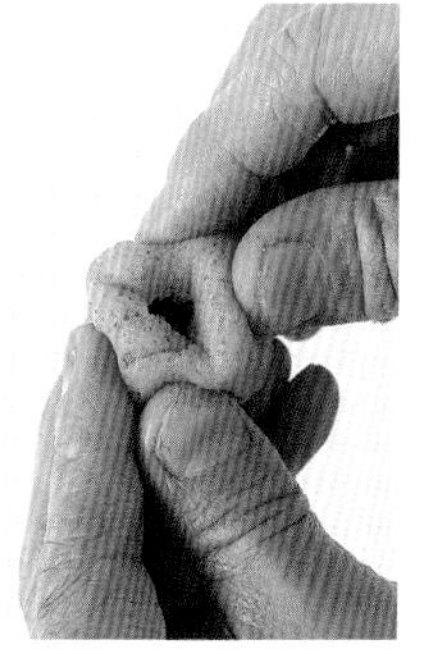

2. 파운드 반죽

대충 만들 수 있는
과자가 아니다.
타협하지 않고
정성껏 만들면,
분명 감동적인 맛이 된다

파운드케이크는 누구나 부담 없이 만들 수 있고 실패할 가능성이 적은 과자라 생각하는 사람들이 많지만, 사실 만드는 사람의 마음이 그대로 반영되는 무서운 과자입니다. 계량을 건성으로 하거나 대충 마구 섞으면 몇 번을 다시 만들어도 맛있는 케이크를 만들기는 어렵습니다. 또 완성된 파운드케이크가 정말 맛있는지 평범한 맛인지는 구워진 면의 상태나 잘랐을 때의 단면을 보면 한눈에 알 수 있습니다. 부족한 것일수록 표면이 오돌토돌하고 매끈하지 않거나, 반죽의 단면이 고르지 않습니다. 먹어보아도 입에서 녹는 느낌이 나쁘거나 특정 재료의 맛이 강하게 입안에 남는 상태로 완성됩니다. 레시피대로 계량을 하는 것, 반죽이 하나로 뭉쳐지도록 제대로 섞는 것 등 공정 하나하나를 정성껏 작업하면 놀랄 정도로 맛있는 파운드케이크를 구울 수 있습니다.

이 책에서는 버터와 설탕을 처음에 완전히 거품 내어 만들어 촉촉한 반죽의 느낌을 즐길 수 있는 '슈거배터' 파운드케이크와, 달걀을 거품 내어 만든 공기를 먹는 듯 부드럽게 녹는 식감의 '공립법' 파운드케이크를 소개합니다. 한 입만 먹어도 금세 알 수 있는 각각의 차이와 맛을 꼭 즐겨보세요.

파운드케이크(슈거배터)

**버터에 공기를
최대한 많이 넣고
반죽을 만들어,
폭신하고 가벼운 식감으로
완성한다**

버터를 많이 넣은 반죽은 매우 촘촘한 상태로 구워지는데, 이 레시피에서는 부드럽게 만든 버터의 '공기를 많이 머금는 특성'을 이용해 가벼운 식감으로 완성했습니다.

사실 재료의 배합은 새로운 것은 아니고, 카트르-카르(quatre-quarts)라는 프랑스 과자의 반죽을 응용한 버전입니다. 카트르-카르란 '1/4×4'라는 의미로 버터, 설탕, 달걀, 가루를 같은 분량으로 섞은 과자를 가리킵니다. 다양한 시대를 거치면서 수많은 사람들이 자신만의 방법으로 다양한 맛의 파운드케이크를 만들어왔습니다. 그중에서 저는 '먹는 식감'과 '입안에서 녹는 듯한 식감'을 모두 갖춘 반죽을 추구합니다. 그 결과 설탕의 양을 약간 줄여 단맛을 줄이고, 버터를 확실히 거품 내어 식감은 가볍게, 뒷맛은 깔끔하게 마무리되도록 레시피를 완성했습니다.

만들 때의 포인트는 버터가 분리되지 않도록 하는 것입니다. 분리된 버터와 가루류를 합치면 반죽이 단단해져 굽는 면이 두꺼워지고 맛없어지므로 주의해주세요.

- 슈거배터 : 부드러운 버터에 설탕과 달걀을 넣고 공기가 안에 들어가도록 섞어 반죽을 만드는 제법

파운드케이크(슈거배터)

굽는 시간	170℃ / 40~45분
재료 (18×9×높이 6cm 파운드틀 1개분)	무염버터 100g A 슈거파우더 70g 비정제설탕 20g 소금 1꼬집 달걀 2개 B 박력분 100g 탈지분유(있는 경우) 10g 베이킹파우더 1g (1/4작은술)
파운드케이크 (슈거배터) 동영상 레슨	

사전준비

- 틀에 유산지를 깐다.
- A, B는 각각 합쳐 체에 친다.
- 버터는 상온에 둔다.
- 달걀은 곱게 풀어 상온에 둔다.

? 설탕은 체에 치는 것이 좋나요?

슈거파우더는 사용하기 직전에 체 칩니다.

입자가 곱고 습도에 약한 슈거파우더는 덩어리지기 쉬우므로, 반드시 사용하기 직전에 체에 칩니다. 그대로 사용하면 덩어리가 수분을 흡수해 더 단단해지거나, 반죽 속에서 알갱이 상태로 남게 됩니다.

1 버터와 설탕을 섞는다.

볼에 버터와 A를 넣고 고무주걱으로 볼 옆면을 누르듯이 비벼 섞는다.

2 하얗게 될 때까지 섞는다.

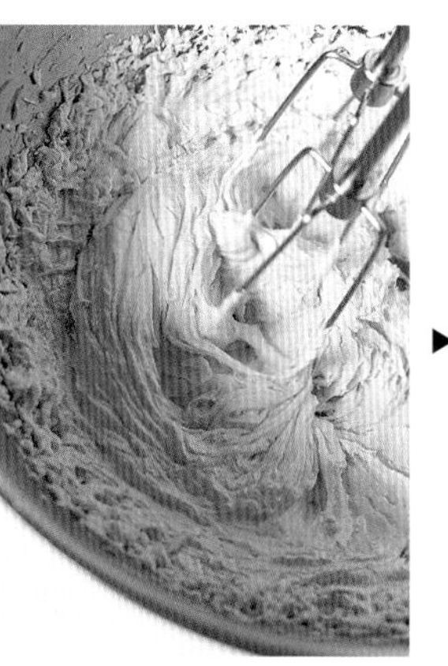

1을 핸드믹서(고속)로 큰 원을 그리듯이 돌린다. 하얗고 폭신하게 될 때까지 1~2분간 섞는다.

? 버터는 전자레인지로 가열해도 되나요?

약(弱) 모드로 상태를 봐가며 가열합니다.

버터의 상태가 파운드케이크의 '식감'을 좌우합니다. 상온에 두어 천천히 부드럽게 만들어도 좋지만, 버터가 산화하여 향이 변하는 경우도 있습니다. 전자레인지의 '약(300W)' 모드로 10초씩 상태를 봐가며 부드럽게 만드는 방법을 추천합니다. 서서히 가열하여 손가락으로 눌렀을 때 쑥 들어가는 정도로 만듭니다.

? 하얗게 될 때까지 섞는 이유는 무엇인가요?

공기를 머금게 하기 위해서입니다.

베이킹파우더는 반죽을 부풀리는 동시에 건조시키기도 하므로, 파운드케이크에 사용하는 양은 최소한으로 합니다. 따라서 반죽을 고르게 부풀려 폭신한 식감으로 완성하기 위해서는 버터와 설탕을 확실히 섞어 공기를 많이 머금게 해야 합니다.

3 달걀을 넣고 섞는다.

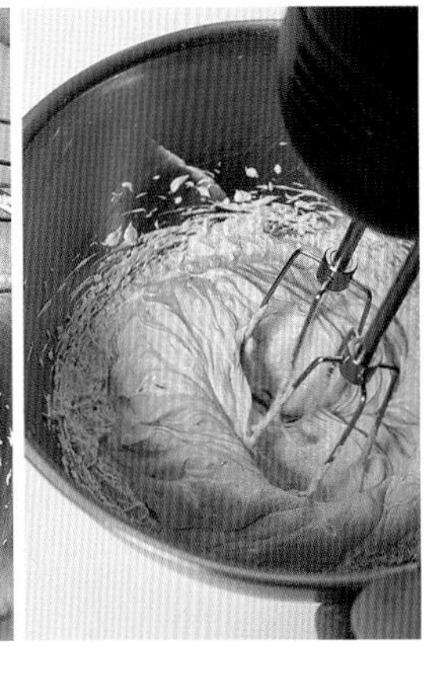

2에 달걀을 3~4회에 나눠 넣고, 넣을 때마다 핸드믹서(고속)로 큰 원을 그리듯이 골고루 섞는다.

4 가루류를 넣고 섞는다.

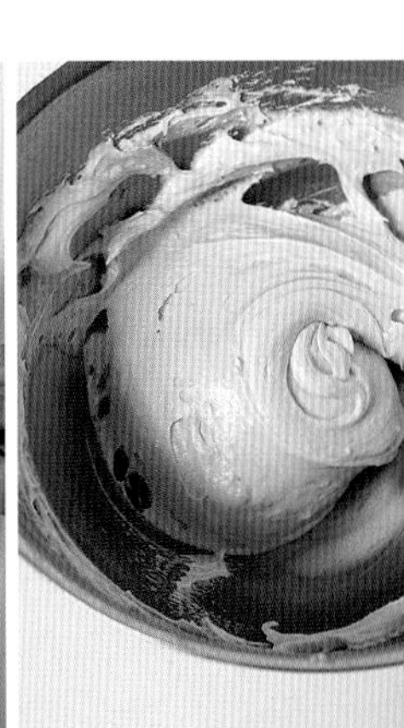

3에 B를 넣고 고무주걱으로 바닥부터 위아래를 뒤집으며 가루 느낌이 없어질 때까지 섞는다. 반죽에 윤기가 날 때까지 20~30회 더 섞는다.

? 달걀을 한 번에 넣어도 되나요?

반죽이 분리되므로, 3~4회에 나눠 넣습니다.

버터와 설탕을 섞은 다음 분량의 달걀을 한 번에 넣으면, 모든 수분을 받아들이지 못하고 유분과 수분이 분리됩니다. 이렇게 분리가 된 경우 가루류를 넣으면 수분과 가루류가 직접 섞이면서 반죽에 탄력이 생겨 단단해지는 원인이 됩니다. 분리되었다면 가루류 분량 중 1~2큰술을 먼저 섞어 분리를 멈추고 반죽 상태를 안정시킵니다.

? 윤기가 날 때까지 섞는 이유는 무엇인가요?

식감이 좋아집니다.

파운드케이크는 촉촉하고 폭신한 반죽으로 구워야 하므로 재료를 확실하게 잘 섞는 것이 중요합니다. 따라서 가루 느낌이 없어진 후에도 반죽에 윤기가 날 때까지 계속 섞어야 입안에서 잘 녹고 맛있는 식감으로 완성됩니다.

5 반죽을 틀에 넣는다.

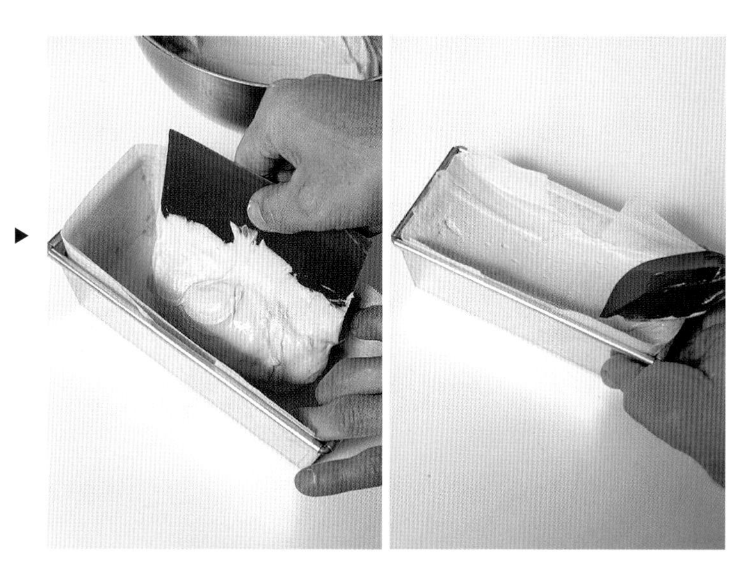

4를 스크래퍼로 틀에 넣고 작업대에 2~3번 내리친다. 고무주걱으로 가운데 부분을 낮게 만들고 양 가장자리가 높아지도록 반죽을 다듬는다.

? 반죽 가운데의 높이를 낮게 만드는 이유는 무엇인가요?

완만한 산 모양으로 굽기 위해서입니다.

반죽은 가열하면 가운데를 중심으로 대류(對流)하기 때문에 수평으로 구우면 가운데만 높이 솟고 양 가장자리는 낮게 구워집니다. 가운데를 낮게, 양 가장자리를 높게 다듬으면 완만한 산 모양의 보기 좋은 파운드케이크를 만들 수 있습니다. 또 낮게 만든 가운데 부분의 측면에 반죽이 남으므로 깔끔하게 닦아냅니다. 구울 때 타서 냄새가 반죽에 배기 때문입니다.

6 170℃의 오븐에서 40~45분간 굽는다.

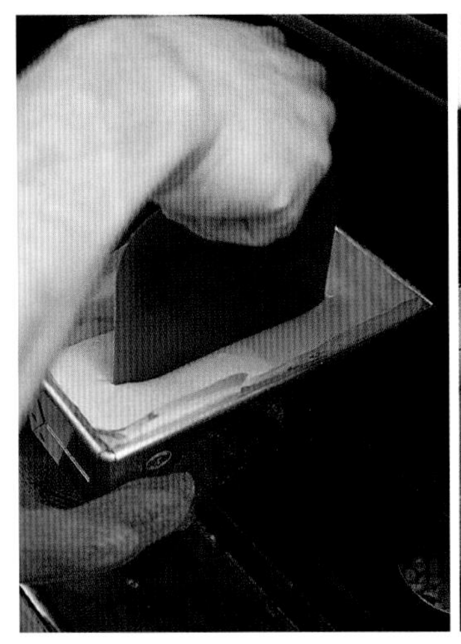
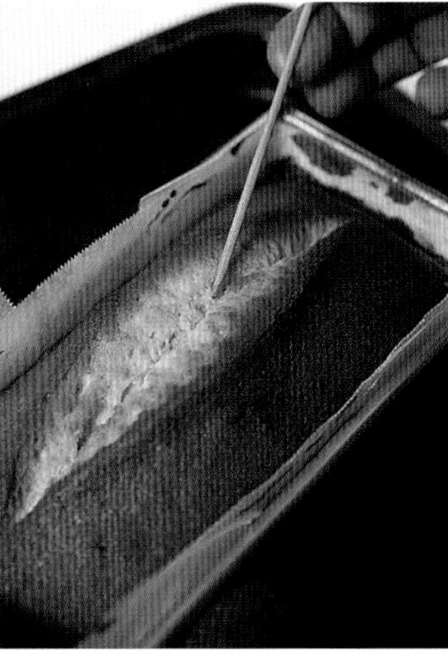
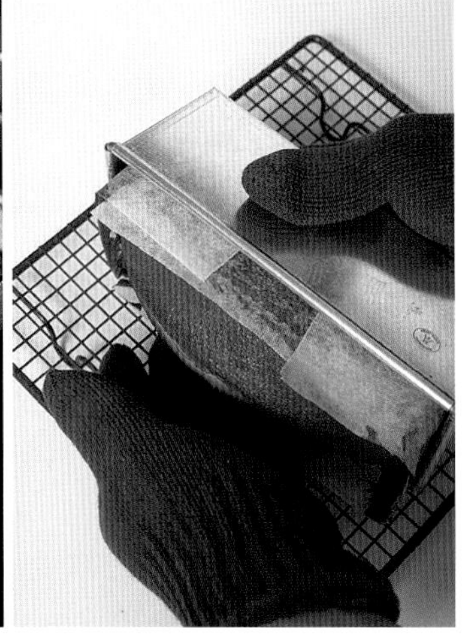

5를 170℃로 예열한 오븐에서 10분간 굽는다. 한 번 꺼내 현미유(또는 식용유)를 적당히(분량 외) 바른 스크래퍼로 가운데에 5mm~1cm 깊이의 칼집을 넣는다. 오븐에 다시 넣고 30~35분간 구운 후 꼬치로 찔렀을 때 묻어나는 것이 없으면 꺼낸다. 틀에서 빼내 케이크 식힘망 위에 올려 식힌다.

? 굽는 도중에 칼집을 넣는 이유는 무엇인가요?

예쁘게 갈라지게 하기 위해서입니다.

구우면 표면이 갈라지는데 미리 칼집을 넣어두면 보기 좋게 갈라집니다. 칼을 사용하면 단면이 울퉁불퉁해지므로 스크래퍼로 칼집을 넣는 것이 좋아요.

? 너무 옅은 색으로 구워지면 실패인가요?

오븐에 따라 구워지는 색에 차이가 생기는 것이므로 실패는 아닙니다.

가정용 오븐은 기종에 따라 열원 강도에 차이가 있습니다. 그 차이가 완성된 색의 차이로도 연결됩니다. 또 대부분의 가정용 오븐은 아래쪽의 열이 약하므로 바닥이나 옆면에 색이 잘 들지 않기도 합니다. 레시피대로 만들어도 색이 옅게 구워졌다면 우선 온도를 10℃ 높게 설정하고, 예열 시에 철판도 넣어 데우도록 합니다. 단순하게 굽는 시간만 늘리면 반죽이 퍼석거립니다.

? 틀에 넣은 채로 식혀도 되나요?

향과 식감이 나빠지므로 구운 후 바로 틀에서 빼내세요.

틀에 넣은 채로 식히면 베이킹파우더의 냄새가 모여 가스 냄새가 나고, 케이크가 쪄져 옆면이 움푹 파이면서 주저앉으므로 주의합니다.

실패했나요?

실패 예 부풀지 않고 기름 냄새가 난다.

원인 확실히 섞지 않았다.

버터와 설탕을 제대로 섞지 않으면 공기를 충분히 머금지 않아 부풀지 않습니다. 부풀지 않으면 반죽이 촘촘해져 표면이 단단해지거나 기름 냄새가 납니다. 또 반죽의 밀도가 촘촘해진 만큼 단맛이 더욱 강하게 느껴집니다.

성공 실패 성공 실패

유산지를 까는 방법

파운드케이크를 실패하지 않고 구우려면 유산지를 깔끔하게 까는 것도 중요합니다.
유산지를 틀 크기에 맞춰 잘라 만들어봅시다.

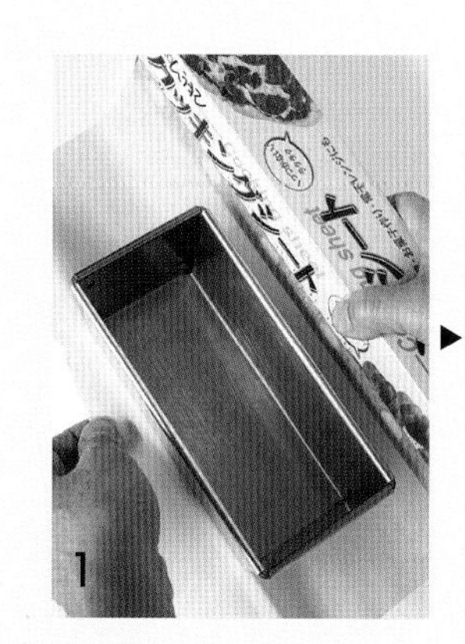

틀 바닥과 옆면 크기에 맞춰 유산지를 자른다.

틀을 가운데에 놓고, 바닥과 옆면에 맞춰 유산지를 접어 선을 만든다.

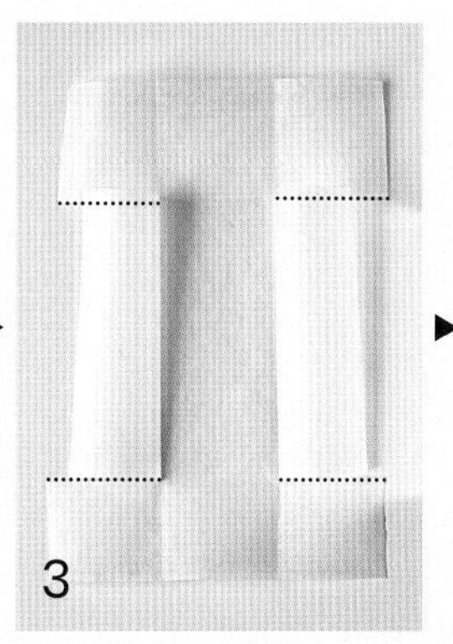

접은 선을 따라 확실히 접었다 펼친 다음 사진의 점선 부분(네 곳)에 가위집을 넣는다.

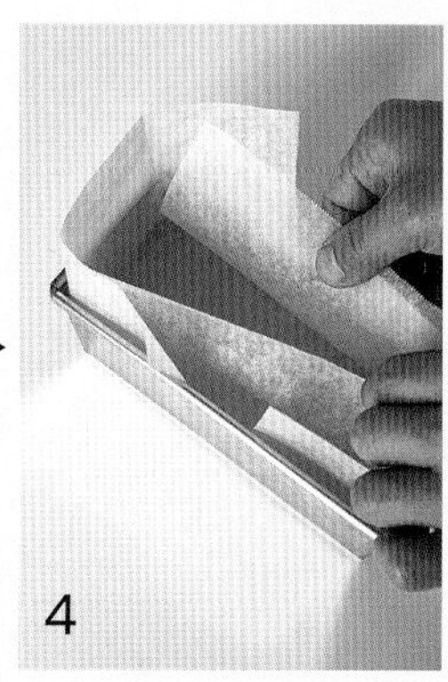

유산지를 다시 틀 모양에 맞춰 접고 틀에 넣는다.

Arrange

파운드케이크(슈거배터) 응용

마블 무늬를 만들거나 건조 과일을 넣으면 맛의 차이는 물론,
잘랐을 때의 단면에서도 다양한 변화를 즐길 수 있습니다.

커피나 말차 더하기

반죽에 마블 모양을 만들어 화려하게 완성

● 커피 마블 (a)

따뜻한 물 5g과 럼주 5g을 작은 볼에 넣고 가볍게 섞은 후, 인스턴트커피 8g을 넣고 섞어 커피액을 만든다. 파운드케이크 만드는 방법 4(P.36)에서 반죽에 윤기가 생기면, 반죽의 1/3양(120~130g)을 덜어내 커피액과 합쳐 고무주걱으로 섞는다. 나머지 반죽의 2/3 양이 담긴 볼에 커피 반죽을 넣고 위아래를 뒤집듯이 3회 섞어 마블 모양을 만든다. 그다음은 같은 방법으로 만든다.

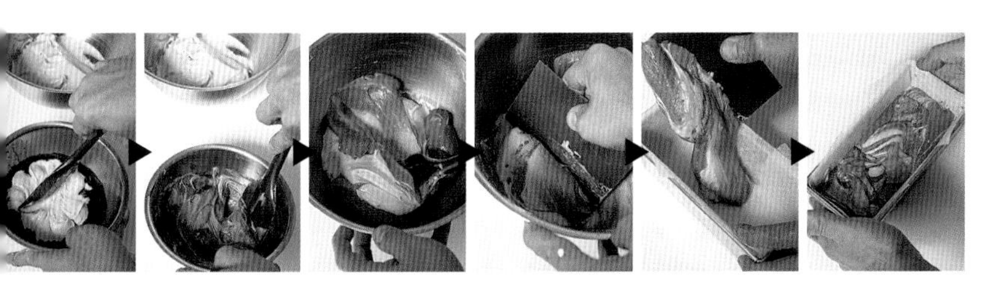

● 말차 마블 (b)

작은 볼에 말차 8g을 체 쳐 넣고 따뜻한 물 15g을 부어 섞어 말차액을 만든다. 다음은 왼쪽의 커피 마블의 커피액 대신 말차액을 넣어 같은 방법으로 만든다.

건조 과일 더하기

건조 과일에 따라 맛이 크게 달라진다

● 럼건포도 (c)

파운드케이크 만드는 방법 4(P.36)에서 가루 느낌이 없어지면 럼건포도(아래 참조) 100g을 넣고 반죽에 윤기가 날 때까지 10~20회 섞는다. 그다음은 같은 방법으로 만든다.

- 7mm~1cm 크기로 자른 견과류나 그 외의 건조 과일을 같은 분량으로 대체하여 만들 수 있다.

● 오렌지필 (d)

오렌지필 100g은 여분의 시럽이나 꿀을 제거하고 사방 7mm 크기로 자른다. 다음은 왼쪽 럼건포도를 오렌지필로 대체하여 같은 방법으로 만든다.

럼건포도 만드는 방법(만들기 쉬운 분량)

1. 냄비에 물을 끓이고 건포도 150g을 넣는다. 다시 끓기 시작하면 불을 끄고 체에 올려 물기를 뺀 후 남은 열을 제거한다.
2. 깨끗한 보관용기에 1을 담고 럼주 150g을 넣은 후, 상온에 2주일 정도 둔다(사용할 때는 즙을 제거한다.)

파운드케이크(공립법)

**거품 낸 달걀의 힘으로,
촉촉하고 묵직한 반죽을
폭신폭신하게 완성!**

파운드케이크의 반죽은 과자 중에서는 촉촉하고 묵직한 편이므로, 먹기 좋고 식감도 좋아지도록 하기 위해 '기포(공기)'를 활용합니다. 활용법은 크게 '베이킹파우더로 부풀린다', '버터에 공기를 넣는다', '달걀을 거품 내서 기포를 이용한다'의 세 가지로 구분할 수 있습니다. P.32~에서 소개한 슈거배터는 버터에 공기를 넣는 방법이었다면, 이번에 소개하는 파운드케이크는 달걀을 거품 내서 기포를 이용하는 방법을 활용하여 폭신한 반죽으로 완성합니다. 파운드케이크의 반죽을 부풀린다는 목적은 같지만 어떤 과정을 거치느냐에 따라 각각의 개성이 돋보이는 전혀 다른 맛으로 완성됩니다. 이렇게 과자 만들기는 매우 섬세한 일이며 바로 이런 점에 많은 사람들이 매료된다고 생각합니다.
이 파운드케이크의 또 다른 특징은 '태운 버터'를 섞는 것입니다. 버터를 녹이면 풍미를 직접적으로 더할 수 있으며 사용량을 조금 줄일 수 있습니다. 또한 한 입 먹었을 때 버터의 풍미가 제대로 느껴지면서 뒷맛은 전혀 남지 않는, 이상적인 맛으로 완성됩니다. 그냥 먹어도 맛있고, 잼이나 아이싱으로 코팅하여 위켄드로 만들어 먹어도 좋습니다.

• 공립법 : 전란에 설탕을 섞고 거품 내서 반죽을 완성하는 제법

파운드케이크(공립법)

굽는 시간	170℃ / 40~45분
재료 (18×9×높이 6cm 파운드틀 1개분)	무염버터 80g 달걀 2개 그래뉴당 80g 박력분 100g A │ 플레인요거트 30g │ 레몬즙 10g │ 레몬껍질(간 것) 1/2개분
파운드케이크 (공립법) 동영상 레슨	

사전준비

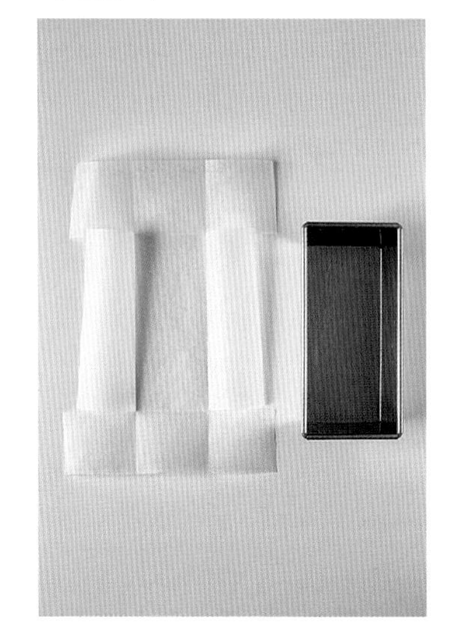

- 틀에 유산지를 깐다.
- 달걀은 상온에 둔다.
- 박력분은 체에 친다.

1 태운 버터를 만든다.

버터를 작은 냄비에 넣고 약한 불로 가열해 거품기로 저으면서 녹인다. 중간 불로 바꿔 계속 젓다가 끓어오르고 갈색이 나기 시작하면 불을 끈다. 계속 젓다가 진한 갈색이 되면 물을 담은 볼에 냄비를 받쳐 급랭하여 잔열을 제거한다.

? 태운 버터를 실패하지 않고 만드는 요령은 무엇인가요?

약한 불에서 녹인 다음 태우기 시작합니다.

버터는 완전히 녹이고 나서 불을 세게 한 후 끓여 태우기 시작합니다. 녹다 남은 상태로 끓이거나 태우기 시작하면 얼룩덜룩 고르지 않게 탑니다. 또 버터는 단번에 냉각시켜야 하므로 볼에 물을 담아 준비해주세요. 젖은 천에 올려 급랭시킬 경우에는 물기를 꽉 짜지 않고 축축이 젖은 상태로 준비합니다. 물기를 꽉 짠 천은 버터를 급랭시키지 못하기 때문에 열이 계속 전달되어 쓴맛이 생기거나 천이 탈 수 있습니다.

? 버터의 색은 어느 부분으로 확인하나요?

거품이 나지 않은 가운데 부분을 확인합니다.

버터를 끓이면 표면에 기포가 많이 생겨 색을 확인하기 어려워집니다. 거품기로 계속 섞으면 기포가 원심력에 의해 바깥쪽으로 밀려가므로, 중심 부분의 색으로 태운 정도를 확인합니다. 또한 버터는 색이 변하기 시작하면 바로 갈색이 되므로 계속 지켜보면서 빠르게 작업해야 합니다.

2 달걀과 그래뉴당을 섞은 후, 다시 데우면서 섞는다.

볼에 달걀을 넣고 핸드믹서(저속)로 푼다. 그래뉴당을 넣어 가볍게 섞는다. 중탕(70~80℃)하여 섞으면서 40℃가 될 때까지 데운다.

3 리본 상태로 거품을 내고 결을 정리한다.

2를 중탕에서 분리해, 핸드믹서(고속)로 큰 원을 그리듯이 섞어 리본 상태(떠 올렸을 때 포개지면서 떨어지는 상태)가 될 때까지 거품을 낸다. 다시 핸드믹서(저속)로 1분 정도 천천히 섞고, 결을 정리해 윤기가 나도록 한다.

? 달걀을 거품 낼 때 중탕하는 이유는 무엇인가요?

설탕을 완전히 녹여 달걀의 거품을 잘 나게 하기 위해서입니다.

중탕이란 뜨거운 물을 담은 냄비에 재료를 넣은 볼을 담가 간접적으로 가열하는 방법입니다. 재료에 직접 열을 가하지 않고 천천히 가열할 수 있어 탈 염려가 없습니다. 중탕하면 설탕은 덩어리 없이 녹고, 달걀은 거품 내기 가장 적당한 온도가 됩니다. 단, 너무 오래 데우면 커다란 기포가 생기기 쉬우므로 40℃가 되면 분리합니다. 또 리본 상태가 되기 전에 달걀이 식으면 다시 중탕하여 데웁니다.

? 거품 낸 달걀을 왜 다시 저속으로 섞나요?

기포 크기를 고르게 하기 위해서입니다.

핸드믹서(고속)로 한 번에 거품 내면 크고 작은 기포들이 불안정하게 생깁니다. 이 상태에서 가루류를 섞으면 거품 낸 기포가 꺼지기 때문에, 고속으로 섞은 다음 저속으로 천천히 섞을 필요가 있습니다. 저속으로 큰 기포를 꺼뜨리고 작은 기포로만 정리하면 결이 정돈되며 가루류를 넣어도 기포가 꺼지지 않습니다.

4 박력분을 넣고 섞는다.

3에 박력분을 넣고 고무주걱으로 바닥부터 위아래를 뒤집으며 가루 느낌이 없어질 때까지 섞는다.

5 요거트, 레몬즙, 레몬껍질을 넣고 섞는다.

4에 A를 넣고 바닥부터 위아래를 뒤집으며 반죽에 어우러질 때까지 골고루 섞는다.

? | 기포를 꺼뜨리지 않고 섞는 요령은 무엇인가요?

바닥부터 위아래를 뒤집어 섞습니다.
손목을 돌려가며 반죽을 자르듯이 섞어주세요. '자르듯이 섞는다'란 고무주걱의 면을 사용해 반죽의 위아래를 바닥에서부터 뒤집듯이 섞는 것을 가리키며, 가는 부분으로 반죽을 자르는 것이 아닙니다. 가루 느낌이 없어지면 그 이상은 섞지 않습니다. 섞는 과정이 계속 이어지므로 기포가 최대한 적게 줄어들도록 합니다.

? | 요거트와 레몬은 왜 넣나요?

탄력과 산뜻한 풍미를 더하기 위해서입니다.
달걀을 제대로 거품 낸 반죽은 약간 퍼석거리거나 보슬보슬 무너지기 쉽습니다. 요거트를 넣으면 반죽에 탄력이 생기고 한 덩어리로 잘 뭉쳐져요. 또 레몬은 태운 버터의 묵직한 풍미를 가볍게 해주는 역할을 합니다. 입에 넣는 순간 버터 향이 퍼지고, 마지막에 레몬의 산뜻함이 느껴져 질리지 않게 먹을 수 있습니다.

6 태운 버터를 넣고 섞는다.

5에 1을 넣고 바닥부터 위아래를 뒤집으며 버터의 유분이 보이지 않을 정도로 섞는다. 반죽에 윤기가 날 때까지 10~20회 더 섞는다.

7 170℃의 오븐에서 40~45분간 굽는다.

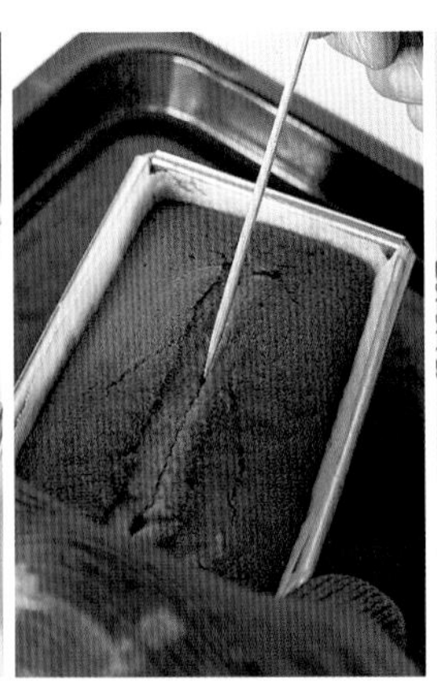

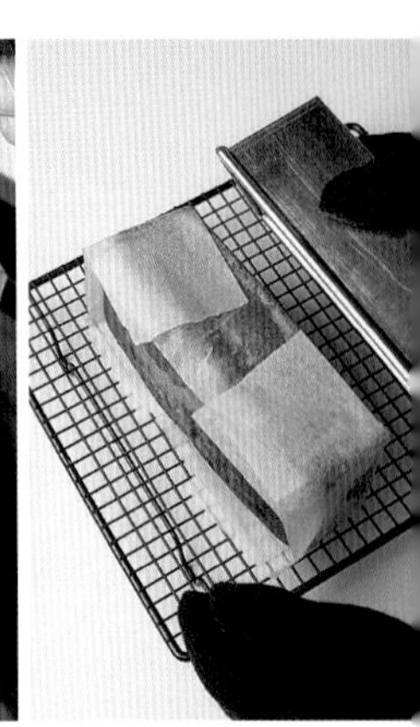

6을 틀에 흘려 넣고 작업대에 2~3회 내리친다. 170℃로 예열한 오븐에 넣어 10분간 굽고, 한 번 꺼내 현미유(또는 식용유)를 적당량(분량 외) 바른 스크래퍼로 가운데에 5mm~1cm 깊이의 칼집을 넣는다. 오븐에 다시 넣고 30~35분간 굽는다. 꼬치로 찔러보고 묻어나오는 것이 없으면 오븐에서 꺼낸다. 틀에서 분리해 식힘망 위에 올려 식힌다.

? 유분을 잘 섞는 방법은 무엇인가요?

바닥에서 떠 올리듯이 섞어주세요.

태운 버터는 반죽보다 비중이 무거워서 바로 볼 바닥에 가라앉습니다. 고무주걱으로 떠 올리듯 바닥부터 섞어 기포가 꺼지지 않게 반죽을 섞습니다. 처음에는 유분이 가득했던 반죽에 매트한 윤기가 생길 때까지 확실히 섞어주세요. 떠 올렸을 때 반죽이 띠 모양으로 흘러 떨어지는 정도가 가장 좋습니다.

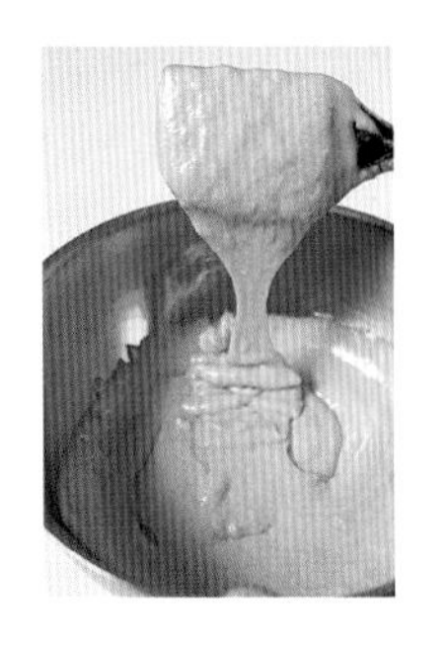

? 틀에 넣을 때 주의할 점은 무엇인가요?

반죽이 매우 묽으므로 붓기만 하면 됩니다.

슈거배터(P.34~38)처럼 스크래퍼로 떠 넣거나 반죽을 다듬을 때 가운데를 움푹하게 하지 않아도 됩니다. 수분이 많은 반죽이므로 틀에 직접 부어 넣을 수 있습니다.

실패했나요?

실패 예 ① 부풀지 않았다.

원인 달걀을 확실히 거품 내지 않았다.

달걀을 충분히 거품 내지 않았거나, 달걀을 거품 낸 다음 결을 정돈하지 않는 등 달걀에 공기를 넣지 않으면 반죽은 부풀지 않습니다. 기포의 크기도 고르지 않기 때문에 커다란 기포가 남아 구멍이 생기기도 합니다. 또 박력분을 넣고 지나치게 많이 섞으면 기포가 꺼져 밀도가 너무 촘촘해집니다.

성공 실패 성공 실패

실패 예 ② 바닥이 움푹 파였다.

원인 반죽을 너무 많이 섞었다.

박력분을 넣은 후 너무 많이 섞으면 반죽에 불필요한 탄력과 점성이 생깁니다. 반죽은 중심을 향해 대류하여 구워집니다. 점성이 생긴 반죽은 대류와 함께 위로 올라가게 되므로, 바닥이 움푹 파이는 것입니다.

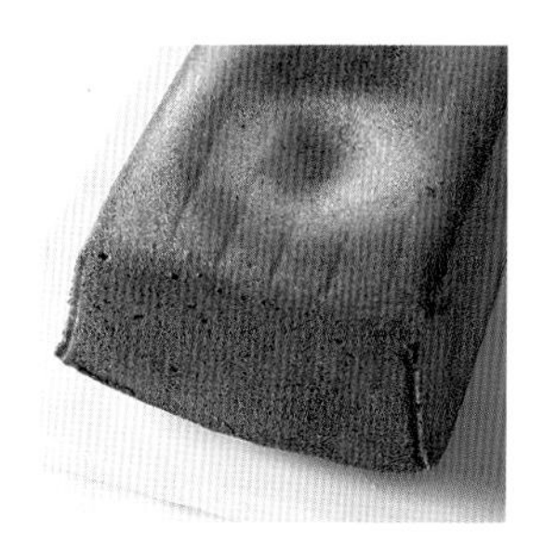

실패 예 ③ 기름이 배어 있다.

원인 유분이 섞이지 않았다.

버터를 넣은 후 윤기가 날 때까지 섞지 않으면 반죽에 기름이 배어들어 기름 냄새가 납니다. 유분은 비중이 무겁기 때문에 떠 올리듯 아래에서 위로 섞어 매트한 윤기가 생길 때까지 확실히 섞어주세요.

Arrange

파운드케이크(공립법) 응용

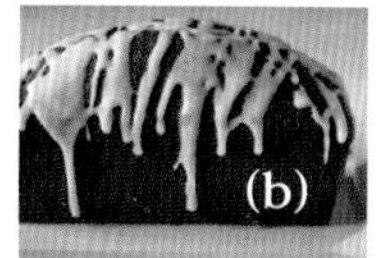

태운 버터의 깊은 맛과 레몬의 산미가 돋보이는 파운드케이크는 아이싱과 매우 잘 어울려요. 취향에 따라 두 가지 방법을 시도해보세요.

잼과 아이싱 더하기 (a)

유럽 스타일로 얇게 코팅하여 베이커리 못지않은 위켄드로 만들다

파운드케이크(P.44~48)와 같은 방법으로 만든다. 작은 냄비에 살구잼 100g과 물 30g을 넣고 약한 불로 끓인다. 골고루 섞으면서 끓어오르면 1분 정도 조린 후 불을 끈다. 식힌 파운드케이크 전체에 붓으로 잼을 바른다. 손가락으로 만져도 묻어나지 않을 때까지 건조시킨다. 다른 작은 냄비에 슈거파우더 75g과 레몬즙 15g을 넣어 섞은 후 약한 불로 30초 정도 끓여 아이싱을 만든다. 잼 위에 아이싱을 전체적으로 뿌린 후 팔레트나이프로 바르고, 손가락으로 만져도 묻어나지 않을 때까지 건조시킨다.

- 살구잼이 뜨거울 때 바르지 않으면 두껍게 굳어 과자가 너무 달아진다.
- 살구잼이 완전히 마르기 전에 아이싱을 뿌리면 아이싱과 잼이 섞여 끈적하게 녹으므로 주의한다.
- 잼과 아이싱은 파운드케이크 가운데 부분에 고이므로 손가락이나 솔로 정리해 얇게 코팅한다.

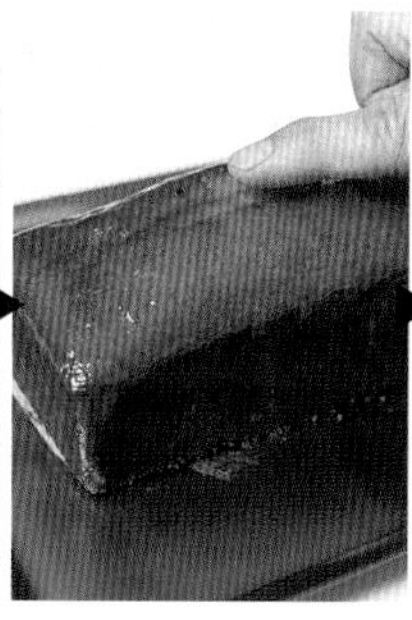

코코아와 아이싱 더하기 (b)

통통한 모습도 귀여운, 섞기만 하면 되는 심플한 아이싱

파운드케이크 재료 중(P.44) 박력분의 분량을 85g으로 변경한다. 코코아파우더 10g을 더하고 박력분과 합쳐 체에 친다. 그다음은 같은 방법으로 만든다. 슈거파우더 75g과 물 15g을 섞어 아이싱을 만들고 숟가락으로 떠서 식은 파운드케이크에 선을 그리듯이 흘린다. 손가락으로 만져도 묻어나지 않을 때까지 그대로 건조시킨다.

3. 스펀지 반죽

음료를 마신 것처럼
입안에 남지 않는
기분 좋은 스펀지를
추구한다

쇼트케이크 하면 어머니가 늘 만들어주었던 맛이 떠오릅니다. 그런데 '맛있었다'는 기억보다 '굉장히 딱딱했다'는 기억이 더 선명해요. 어린 마음에 '역시 집에서는 가게 같은 폭신한 반죽은 만들 수 없네'라고 건방진 생각을 했습니다. 하지만 이후 스스로 과자를 만들게 되었을 때 '나도 폭신한 스펀지 반죽을 만들 수 있구나!' 하고 깨달았습니다. 쇼트케이크는 일본에서 시작되어 발전한 과자입니다. 스펀지 반죽 또한 일본에서 독자적으로 진화되어 왔습니다. 일본인이 좋아하는 촉촉하고 폭신하면서 달콤한 반죽은 카스테라와 비슷하여, 제가 공부한 건조시키듯 구워내는 프랑스식 스펀지 반죽에서는 볼 수 없는 것이었습니다.
스펀지 반죽은 맛있다는 점을 대전제로 '맛이 너무 강하지 않은 것'이 최고라고 생각합니다. 이 스펀지 반죽이 쇼트케이크가 되어 크림과 과일을 돋보이게 해야 할 때, 케이크로서 얼마나 일체감을 낼 수 있는지가 중요하기 때문이에요. 먹었을 때 스펀지의 풍미가 확 느껴지면서 뒷맛은 입에 남지 않는, 부담 없는 맛. 단품으로는 눈에 띄지 않아도 케이크를 제대로 완성시켜주는 숨은 공로자와 같은 존재입니다.

스펀지케이크(공립법)

달걀을 곱게 거품 낸 후
가루와 버터를 넣어
제대로 잘 섞는 것이 중요

스펀지를 맛있게 만드는 포인트는 두 가지입니다. '달걀을 곱게 거품 내는 것'과 '가루와 버터가 반죽으로 뭉쳐질 때까지 제대로 섞는 것'입니다. 글만 보면 매우 쉬워 보이지만, 어느 한쪽만 잘되었다고 완성이라 할 수 없습니다. 반드시 두 가지 다 성공시켜야 하기 때문에 누구나 한 번은 꼭 실패한 경험이 있다고 해도 무방할 정도로 매우 어려운 품목입니다. 이 때문에 '과자 만들기는 어렵다'라고 생각하는 분들도 많으며, '스펀지케이크=수제 과자의 대표'가 되면서 과자 만들기는 전반적으로 어렵다는 인상을 심어주는 경우도 있습니다.
하지만 아직 이 단계에서 포기하기는 이릅니다. 실패한 적이 있는 사람의 만드는 법을 확인해보았더니, 달걀의 거품을 충분히 내지 않아 스펀지가 부풀지 않았거나 거품 낸 달걀의 기포가 꺼질까 봐 가루와 버터를 제대로 섞지 않아 퍼석퍼석한 식감의 단단한 스펀지가 된 경우들이었습니다. 모두 앞에서 이야기한 포인트 과정에서 실패한 것입니다. 포인트 과정에서 좀 더 주의 깊고 신중하게, 여유 있는 마음으로 작업한다면 성공에 가까워집니다. 맛있는 스펀지를 구울 수 있다면, 나머지는 크림과 과일을 잘 조합하기만 하면 됩니다. 지금껏 만들지 못했던 최고의 쇼트케이크를 만들 수 있을 것입니다.

• 공립법 : 전란에 설탕을 섞고 거품 내서 반죽으로 완성하는 제법

스펀지케이크(공립법)

굽는 시간	170℃ / 30~33분
재료 (지름 15cm의 원형틀 1개분)	달걀 2개 그래뉴당 50g 바닐라슈거(또는 상백당) 10g 꿀 10g 박력분 60g A | 무염버터 10g 　 | 우유 15g
스펀지케이크 (공립법) 동영상 레슨	

사전준비

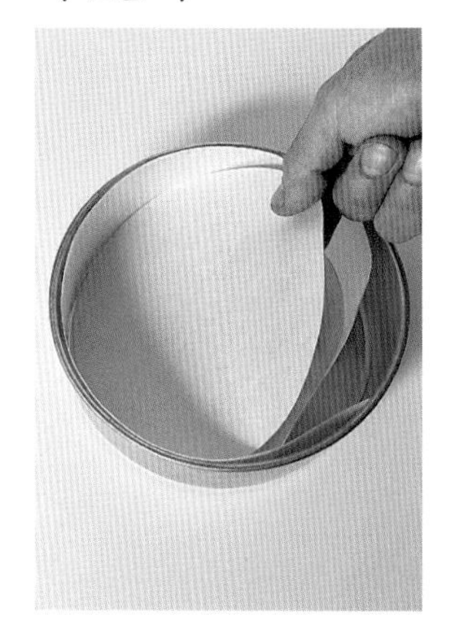

- 틀에 유산지를 깐다.
- 작은 냄비에 A를 넣고 따뜻한 물(70~80℃)에 받쳐 버터를 녹인다.
- 박력분을 체에 친다.

? 유산지가 자꾸 쓰러져요.

옆면 → 바닥 순서로 틀에 넣습니다.

유산지는 옆면은 띠 모양으로, 바닥은 동그란 모양으로 준비합니다. 틀에 넣을 때 옆면을 먼저 넣고 바닥면을 넣으면 옆면의 유산지가 쓰러지는 것을 바닥면의 유산지가 받쳐주어 지탱할 수 있습니다.

1 달걀과 설탕을 섞고, 다시 데우면서 섞는다.

볼에 달걀을 넣어 핸드믹서(저속)로 푼 후, 그래뉴당, 바닐라슈거, 꿀을 넣고 가볍게 섞는다. 중탕(70~80℃)에 올리고, 섞으면서 40℃가 될 때까지 데운다.

2 리본 상태가 될 때까지 거품 낸다.

1을 중탕에서 분리하고 핸드믹서(고속)로 큰 원을 그리듯이 돌려 리본 상태(떠 올렸을 때 포개지면서 떨어지는 정도)가 될 때까지 거품을 낸다.

? 달걀을 왜 푸나요?

기포의 결을 곱게 하기 위해서입니다.

달걀을 갑자기 고속으로 섞기 시작하면 거품이 고르게 나지 않고, 고운 결의 기포가 만들어지지 않습니다. 반드시 저속으로 풀고 달걀의 알끈을 없앤 후 섞기 시작합니다.

? 중탕하는 이유는 무엇인가요?

설탕을 완전히 녹여 달걀의 거품을 잘 내기 위해서입니다.

따뜻하게 데우면서 섞으면 설탕이 덩어리지지 않고 잘 녹을 뿐 아니라 달걀도 거품 내기 쉬워집니다. 단, 달걀은 너무 데우면 큰 기포가 생길 수 있으므로 40℃가 되면 중탕에서 분리해주세요.

3 다시 섞어 결을 정돈한다.

4 박력분을 넣고 섞는다.

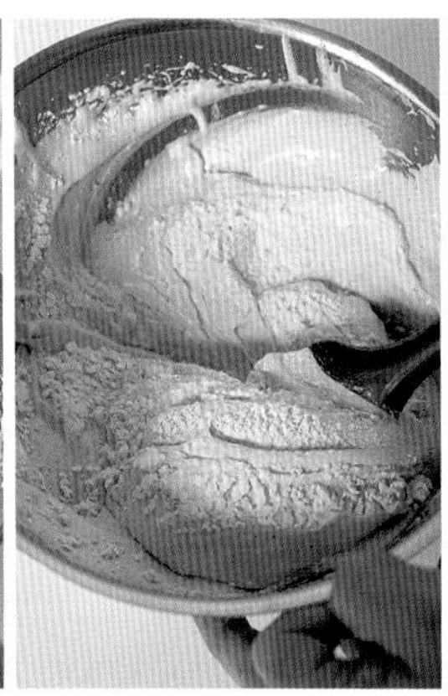

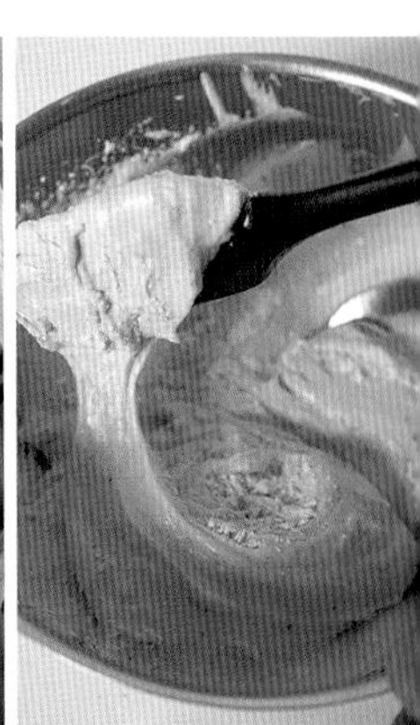

다시 핸드믹서(저속)로 1분 정도 천천히 섞어 결을 정돈하고 윤기를 낸다.

3에 박력분을 넣고 고무주걱으로 바닥부터 위아래를 뒤집으며 가루 느낌이 없어질 때까지 섞는다.

? 거품 낸 달걀액을 왜 다시 저속으로 섞나요?

기포의 크기를 고르게 하기 위해서입니다.

핸드믹서(고속)로 단번에 거품을 내면, 크고 작은 기포가 불안정하게 생깁니다. 이 상태에서 가루류를 넣고 섞으면 잘 거품 낸 기포가 사그라들게 되므로, 고속으로 섞은 후 저속으로 천천히 정리해주어야 합니다. 저속으로 큰 기포를 꺼뜨린 후 작은 기포만 남기면 결이 정돈되어 가루류를 넣어도 기포가 꺼지지 않습니다.

? 기포가 꺼지지 않도록 섞는 요령이 있나요?

바닥부터 위아래를 뒤집듯이 섞습니다.

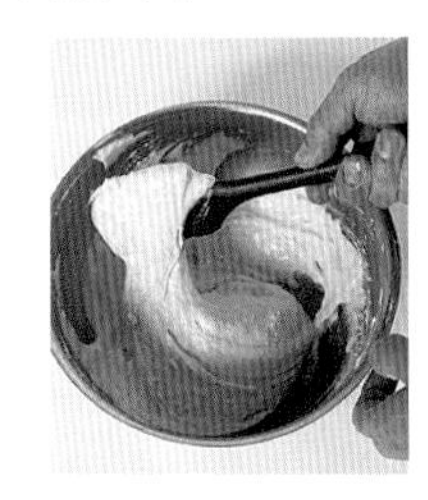

손목을 돌려 반죽을 자르듯이 섞어 주세요. '자르듯이 섞는다'는 것은 고무주걱의 면을 사용하여 반죽을 바닥부터 뒤집는 것으로, 고무주걱의 가는 부분으로 반죽을 자르면서 섞는 것이 아닙니다. 가루 느낌이 없어지면 그 이상은 섞지 않도록 합니다. 섞는 공정이 계속되므로 기포가 최소한으로 줄어들도록 합니다.

5 버터와 우유를 끓여 넣고 섞는다.

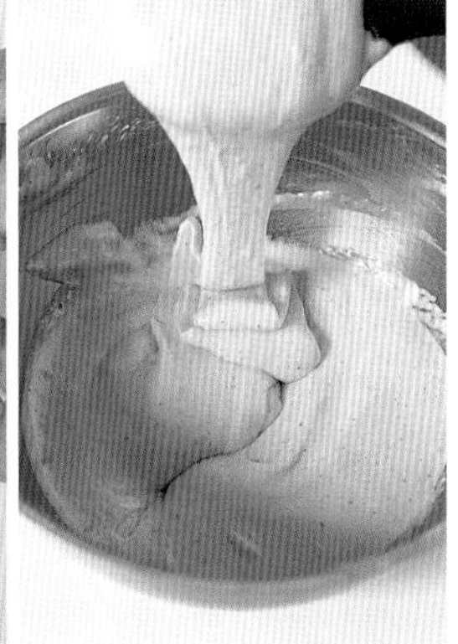

A를 약한 불로 가열해 끓인 다음 4의 볼에 넣고 바닥부터 위아래로 뒤집어 유지가 보이지 않을 때까지 섞는다. 반죽에 윤기가 생길 때까지 20~30회 더 섞는다.

6 반죽을 틀에 붓는다.

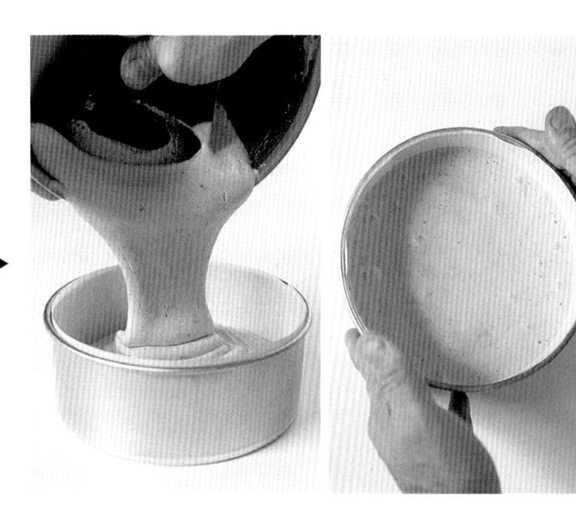

5를 틀에 붓고 작업대에 2~3회 내리친다.

? 왜 버터와 우유를 끓여서 넣나요?

유화시키면 잘 섞이기 때문입니다.

유분은 수분과 함께 끓이면 수분과 섞여 유화합니다. 유화하면 상태가 다른 재료와도 잘 섞일 뿐만 아니라, 반죽 속의 기포도 잘 꺼지지 않습니다. 단, 유분은 비중이 무거우므로 바로 볼 바닥에 가라앉기 쉬워요. 고무주걱으로 잘 떠 올려 바닥 부분의 반죽을 제대로 섞어주세요. 버터와 우유는 고무주걱 위로 흘리듯 넣는 것이 좋습니다. 한 곳에만 집중적으로 넣으면 기포가 죽기 쉬우므로, 고무주걱을 따라 넣어 충격을 분산시킵니다.

? 반죽을 틀에 넣을 때 주의할 점은 무엇인가요?

낮은 곳에서 붓고,
한 곳에 집중적으로 붓지 않습니다.

반죽은 반드시 틀에서 가까운 높이에서 부어 넣습니다. 높은 곳에서 흘려 넣으면 반죽 속 기포가 꺼져 스펀지가 부풀지 않습니다. 또 볼에 남은 반죽을 긁어모아 넣을 때는 한 곳에 집중적으로 넣지 않고, 틀의 가장자리에 선을 그리듯이 흘립니다. 남은 반죽은 긁어모을 때 스크래퍼에 여러 번 닿기 때문에 기포가 꺼지고 비중에도 변화가 생깁니다. 따라서 한 곳으로만 넣으면 그 부분만 열이 잘 전달되지 않아 움푹 파여 구워집니다.

7 170℃의 오븐에서 30~33분간 굽는다.

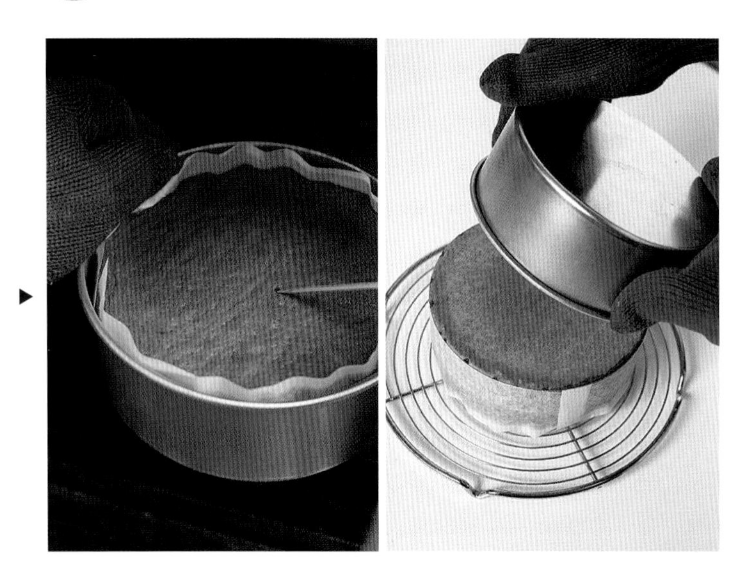

6을 170℃로 예열한 오븐에서 30~33분간 굽는다. 꼬치로 찔렀을 때 아무것도 묻어나지 않으면 꺼내어, 작업대에 한 번 내리친다. 거꾸로 뒤집어 틀에서 꺼내고 케이크 식힘망에 올린다. 남은 열이 제거되면 위아래를 다시 뒤집어 식힌다.

? 다 구운 후 틀을 왜 내리치나요?

틀 속의 증기를 한 번에 빼기 위해서입니다.

틀에서 반죽을 빼내기 전에 틀을 작업대에 한 번 내리쳐, 틀과 유산지 사이에 고인 증기를 한 번에 빼주세요. 뜨거운 증기가 담긴 채로 두면 반죽이 꺼지면서 주저앉습니다. '가장자리에 주름이 생길 때', '꼬치로 찔렀을 때 아무것도 묻어나오지 않을 때', '손으로 표면을 만지면 기포가 터지는 듯한 소리가 날 때' 등의 상태가 되면 다 구워졌다고 판단할 수 있습니다.

실패했나요?

실패 예 ① 반죽이 주저앉았다.

원인
- 달걀을 충분히 섞지 않았다.
- 틀에서 바로 꺼내지 않았다.

달걀을 거품 낸 후 결이 정돈될 때까지 섞지 않으면 반죽의 무게로 아래쪽의 기포가 꺼져 고르게 부풀지 않습니다. 또 다 구운 후 틀에서 바로 꺼내지 않으면 뜨거운 증기가 머물어 반죽이 파이고 주저앉게 됩니다.

실패 예 ② 반죽 가운데가 부풀어 오르고 갈라졌다.

원인
- 달걀을 충분히 섞지 않았다.
- 계량을 정확하게 하지 않았다.

반죽은 구워질 때 중심을 향해 원을 그리듯 대류합니다. 달걀을 거품 낸 후 결이 잘 정돈될 때까지 섞지 않으면 대류가 빨라져 가운데 부분만 부푼 상태가 되거나, 표면이 갈라집니다. 제대로 잘 섞은 반죽은 천천히 대류하므로 반죽도 고르게 부풉니다. 또, 계량을 잘못해 가루류를 많이 넣어도 같은 결과가 생깁니다.

실패 예 ③ 큰 구멍이 생겼다.

원인 달걀을 충분히 섞지 않았다.

달걀을 거품 낸 후 결이 정돈될 때까지 섞지 않으면 크고 작은 기포가 여기저기 생긴 상태로 구워집니다. 따라서 위쪽은 큰 기포가 생기고 아래쪽은 기공이 꽉 막힌 상태로 구워집니다.

수정 장식할 때 시럽을 분량보다 적게 바르고 크림을 사이에 넣어 잘 어우러지게 하면 맛있게 먹을 수 있습니다.

실패 예 ④ 부풀지 않고 반죽이 촘촘해졌다.

원인 박력분을 넣고 너무 많이 섞었다.

달걀은 잘 거품 냈는데, 가루 느낌이 없어졌는데도 계속 섞어서 반죽에 불필요한 탄력이 생긴 상태입니다. 구워도 부풀지 않고 기공이 꽉 막힌 반죽이 되었습니다.

수정 장식할 때 시럽을 분량보다 많이 발라 반죽을 촉촉하게 만들면 촘촘한 기공 상태가 별로 신경 쓰이지 않아요.

스펀지케이크로 쇼트케이크 만들기

스펀지케이크를 구웠다면 이제 장식할 차례.
크림을 정성껏 발라 한층 보기 좋게 만들어봅시다.

재료(지름 15cm 스펀지케이크 1개분)

스펀지케이크 1개
생크림(유지방분 약 40%) 200g
그래뉴당 12g
딸기 16~20개
A | 그래뉴당 10g
  | 따뜻한 물 30g
키르슈(취향에 따라) 10g

사전준비
- 딸기는 키친타월로 깨끗이 닦아 불순물과 솜털을 제거한다.
- 장식용으로 9개를 남겨두고, 나머지는 꼭지를 잘라 세로로 반 자른다.

만드는 방법

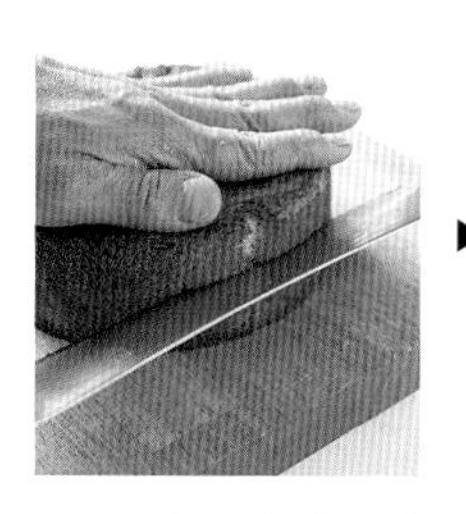

1. 스펀지케이크의 높이를 평평하게 이등분하여 자른다.

2. 볼에 A를 넣어 섞고, 식으면 취향에 따라 키르슈를 넣어 섞는다.

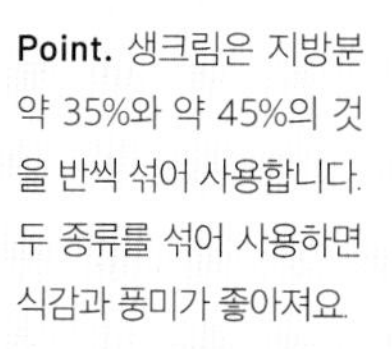

3. 볼에 생크림과 그래뉴당을 넣는다. 볼 바닥을 얼음물에 받쳐 핸드믹서(고속)로 섞고, 80%(떴을 때 끝부분이 아래를 향하는 정도) 거품을 낸다.

Point. 생크림은 지방분 약 35%와 약 45%의 것을 반씩 섞어 사용합니다. 두 종류를 섞어 사용하면 식감과 풍미가 좋아져요.

Point. 볼 바닥에 얼음물을 받쳐 거품을 내면 결이 고와지고, 입안에서 사르르 녹는 크림이 됩니다. 반대로 차게 하지 않은 상태로 거품을 내면 기름 냄새가 나므로 주의합니다.

4. 스펀지케이크 전체에 2의 시럽을 붓으로 바르고 회전대에 아래쪽 스펀지케이크를 올린다.

5. 크림의 1/4 양을 올리고 팔레트나이프로 평평하게 다듬어 바른 후, 반으로 자른 딸기를 올린다. 나머지 크림의 1/3 양을 올려 펴 바르고, 위쪽 스펀지케이크를 얹는다.

Point. 딸기는 케이크 가운데 부분에는 놓지 않습니다. 자르기 힘들 뿐만 아니라, 자른 다음 가운데에서 딸기가 빠져나와 구멍이 생길 수도 있어요. 딸기마다 크기가 다르므로 작은 딸기에는 크림을 얹어 큰 딸기와 높이를 맞춰 평평하게 합니다.

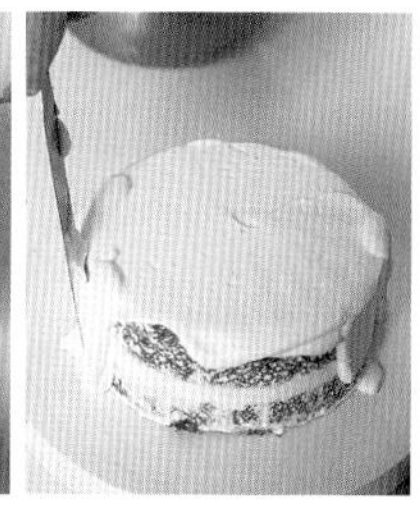

6. 나머지 크림의 1/2 양을 스펀지에 올리고 전체에 펴 바른다. 나머지 크림을 전부 올려 케이크 전체에 골고루 편 후 장식용 딸기를 얹는다. 냉장실에 2시간 정도 두어 잘 어우러지도록 한다.

Point. 크림은 두 번에 나눠 바릅니다. 처음에는 보슬보슬한 반죽을 안정시키기 위해 전체에 넓게 펴 바르고, 다시 한 번 발라 보기 좋게 완성합니다.

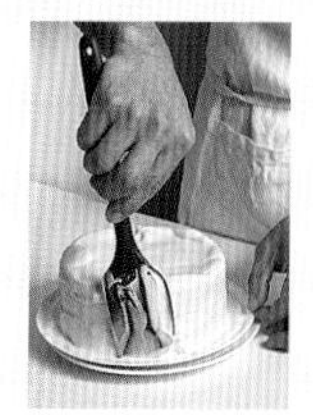

팔레트나이프는 고무주걱으로, 회전판은 접시 두 개를 포개어 대체할 수 있습니다.

Arrange

쇼트케이크 응용

커피 바나나 쇼트케이크와 딸기 쇼트케이크….
화려한 두 종류의 데커레이션케이크에 마음까지 설레어옵니다.

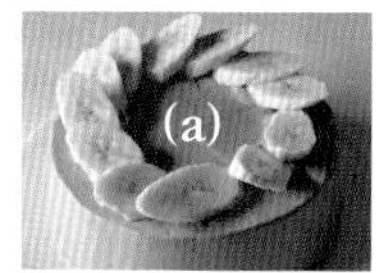
(a)

(b)

크림에 커피 더하기 (a)

달콤한 바나나와 쌉쌀한 커피의 조화

스펀지케이크(P.56~60)를 같은 방법으로 만든다. 장식은 딸기를 바나나 2개로 바꾸고(1.5cm 폭으로 어슷썰어, 1/2은 스펀지케이크 사이에 넣고 나머지는 장식한다), 시럽의 키르슈를 럼주 10g으로 바꾼다. 크림에는 인스턴트커피 5g을 따뜻한 물 5g으로 녹여 넣고 생크림, 그래뉴당과 함께 거품 낸다. 그다음은 같은 방법으로 만든다.

단면

반죽에 코코아 더하기 (b)

베리와 조합해 색다른 분위기로

스펀지케이크의 사전준비(P.56)에서 중탕하여 녹인 A에 코코아파우더 2작은술과 물 1큰술을 합쳐 넣고 잘 섞는다. 그다음은 같은 방법으로 만든다. 장식은 딸기를 냉동 믹스 베리 200g으로 바꾸고(스펀지케이크 사이에 1/2을 넣고 나머지는 장식한다), 시럽의 키르슈를 그랑 마르니에 10g으로 바꾼다. 나머지는 같은 방법으로 만든다.

홀케이크

4. 시폰 반죽

입안에서 사르르 녹아 한 번에 사라지는 허무한 맛이 매력

시폰케이크만큼 레시피 응용이 다양한 과자는 없습니다. 게다가 어떻게 만들어도 다 정답이며, 만드는 방법에 따라 각각의 맛을 가집니다. 만드는 사람의 취향에 따라 이런 맛, 저런 식감으로 궁리하기 좋은 과자입니다. 하지만 반면, 자신이 만든 시폰케이크가 성공했는지 실패했는지 알기 어려운 것도 사실입니다. 어떤 레시피로 만드느냐에 따라 맛과 식감이 달라지는 것은 물론, 실패 사례로 소개된 것이 다른 책에서는 성공 사례로 소개되는 경우도 있습니다. 그래서 도전하려는 사람들이 만들기 전부터 당황하기도 합니다. 따라서 처음부터 '시폰케이크는 다양성이 있는 과자'라고 이해해야 합니다.

제 개인적인 취향은 손으로 잡으면 슉슉 소리를 내며, 먹었을 때 사르르 녹는 듯한 식감의 시폰케이크입니다. 단면은 일부러 크고 작은 기포가 여기저기 생기도록 만들고, 입안에서 재료의 향을 보다 강하게 맛볼 수 있도록 만듭니다. 물론 단면의 결이 고르게 만들어진 것도 실패한 것은 아니지만, 맛이 너무 균일해져 왠지 심심하게 느껴집니다. '결이 너무 고르면 맛없는 건가?' 하고 의문을 가질지도 모르겠습니다. 우선 한 번, 속은 셈 치고 다음에 나오는 레시피대로 만들어보세요.

시폰케이크
(폭신폭신한 타입)

유지와 섞여도
바로 무너지지 않는
부드러우면서도 강한
머랭을 만든다

입에 넣으면 바로 녹아 사라질 정도로 부드러운 시폰케이크를 좋아합니다. 폭신폭신하게 완성하기 위해서는 유지와 섞여도 바로 사라지지 않는 결이 곱고 부드러운 머랭이 필요합니다. 강한 머랭을 만들면 반죽이 잘 부풀기 때문에 결과적으로 폭신폭신한 시폰케이크를 구울 수 있습니다.
강한 머랭이라고 하면, 뿔이 위로 설 정도의 단단한 머랭을 상상하는 사람도 있겠지만 '강하다=단단하다'는 아닙니다. 단단한 머랭은 유지와 잘 섞이지 않으므로 구웠을 때 반죽이 주저앉거나 큰 구멍이 생기기도 합니다. 많이 섞어서 단단한 머랭을 만드는 것이 아니라, 떴을 때 끝부분이 아래를 향하는 정도의 부드러운 머랭이 목표입니다.
강한 머랭을 만드는 데에 성공했다면, 다음은 시폰케이크를 만드는 데 있어 가장 어려운 과정이 기다리고 있습니다. 머랭이 주저앉지 않게 달걀노른자 반죽과 합치는 과정입니다. 섞을 때는 머랭에 부드럽게 닿는 가는 와이어의 거품기를 사용해 빠르게 작업합니다. 시간이 지날수록 머랭은 주저앉으므로 주저하지 말고 대범하게 작업을 진행하여 손상이 덜 가게 해야 합니다.

시폰케이크(폭신폭신한 타입)

굽는 시간	180℃ / 28~30분
재료 (지름 17cm의 시폰틀 1개분)	달걀노른자 4개분 비정제설탕 20g 바닐라슈거 (또는 그래뉴당) 10g 물 50g 현미유(또는 식용유) 30g A 박력분 90g 베이킹파우더 1g (1/4작은술) [머랭] 달걀흰자 4개분 그래뉴당 80g 소금 1꼬집
시폰케이크 (폭신폭신한 타입) 동영상 레슨	

사전준비

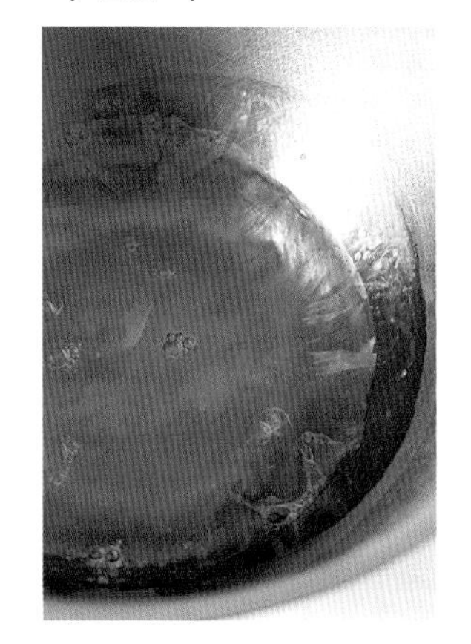

- 머랭용 달걀흰자를 볼에 넣고 냉동실에 5~10분간 두어 가장자리가 약간 얼 정도로 차게 만든다.
- A를 합쳐 체에 친다.

? 달걀흰자를 약간 얼리는 이유는 무엇인가요?

머랭의 결을 곱게 만들기 위해서입니다.

달걀흰자가 차가우면 거품을 내기 힘들지만, 그만큼 입자가 곱고 무너지지 않는 폭신함을 계속 유지할 수 있는 확실한 기포의 머랭을 만들 수 있습니다. 반대로 달걀흰자를 따뜻하게 하면 단시간에 거품을 낼 수 있어 '머랭 만들기 쉽네' 하고 오해하기 쉽지만, 이것은 크고 작은 다양한 기포가 생긴 상태입니다. 이 기포는 자극에 약하고, 달걀노른자 반죽과 섞으면 사라집니다. 시폰케이크를 만들 때에는 달걀노른자 반죽과 섞어도 꺼지지 않고 구웠을 때 반죽을 위로 들어올려 주는 머랭이 필요합니다.

1 달걀노른자와 설탕을 섞는다.

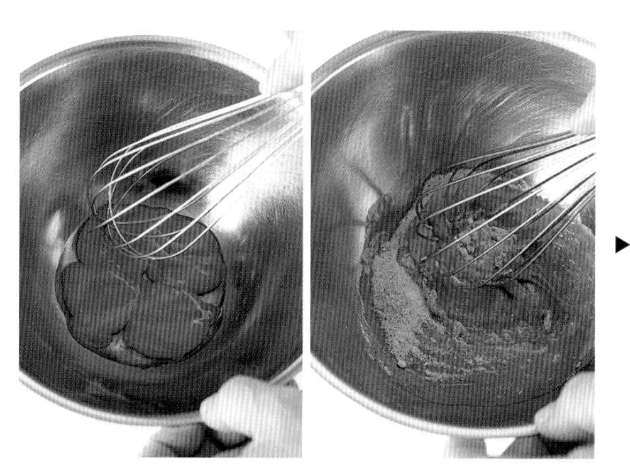

볼에 달걀노른자를 넣어 거품기로 풀고, 비정제설탕과 바닐라슈거를 넣어 섞는다.

2 물과 현미유를 데우고 달걀액과 섞는다.

작은 냄비에 물, 현미유(또는 식용유)를 넣고 약한 불로 끓기 직전까지 데운다. 1에 한 번에 넣고 설탕이 녹을 때까지 섞는다.

? | 달걀과 설탕을 확실히 섞지 않아도 되나요?

합치는 정도면 됩니다.

달걀과 설탕은 합치는 정도로 섞어야 달걀의 풍미를 강하게 느낄 수 있습니다. 또 달걀노른자는 표면이 가장 단단하므로 우선 거품기로 으깨듯이 한 다음 설탕을 넣어 섞어주세요. 으깨기 전에 설탕을 넣거나 바로 섞지 않으면 달걀노른자와 설탕이 엉겨 붙어 잘 풀리지 않을 수 있습니다.

? | 물과 현미유를 왜 데우나요?

설탕, 박력분, 머랭과 효과적으로 섞기 위해서입니다.

이유는 세 가지입니다. 우선 설탕을 한 번에 녹여 설탕이 덩어리지지 않도록 하기 위해서입니다. 두 번째는 다음 공정에서 넣는 박력분에 탄력을 만들어 높이가 높은 시폰케이크로 완성하기 위해서입니다. 마지막으로 차가운 머랭과 섞었을 때 최종 반죽 온도를 실온 정도로 만들기 위해서입니다. 반죽이 차가운 상태로 구우면 틀이 커다란 시폰케이크는 반죽이 완전히 구워지지 않아 설익고, 오래 구워 반죽이 퍼석거리게 됩니다.

3 가루류를 넣고 섞는다.

4 달걀흰자에 소금, 그래뉴당을 넣고 섞는다.

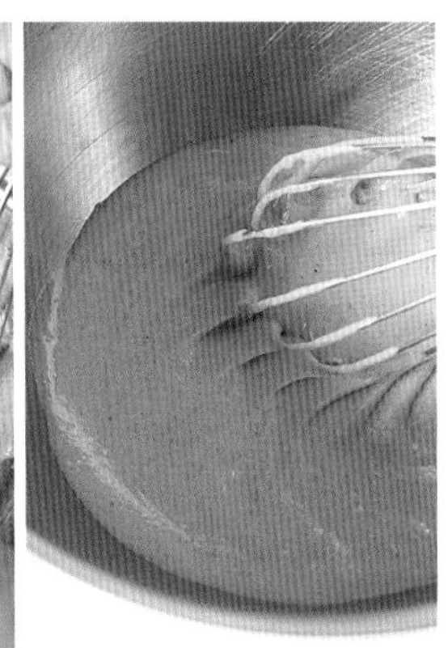
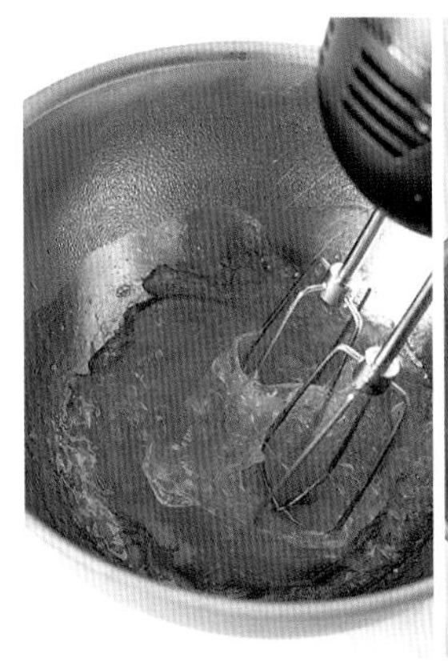

2에 A를 넣고 가루 느낌이 없어질 때까지 섞는다. 반죽이 걸쭉해지고 윤기가 날 때까지 30~40회 정도 섞는다.

달걀흰자에 소금을 넣고 핸드믹서(저속)로 푼다. 그래뉴당의 1/3 양을 넣고 핸드믹서(고속)로 큰 원을 그리듯이 하얗게 거품이 날 때까지 섞는다.

? 가루류는 확실히 섞어도 되나요?

폭신한 식감과 높이를 만들기 위해 박력분은 섞어서 탄력을 만듭니다.

이 시폰케이크의 포인트는 폭신함입니다. 폭신함을 위해서는 가루류의 사용량을 가능한 한 적게 하여 퍼석거리지 않도록 하는 것이 중요합니다. 다만, 높이가 높은 시폰케이크를 만들려면 기둥 역할을 하는 글루텐이 필요하므로, 최소한의 박력분을 확실히 섞어 탄력을 끌어내어 적은 사용량을 보완합니다.

? 달걀을 저속으로 푼 다음 고속으로 섞는 이유는 무엇인가요?

결이 정돈된 고운 기포를 만들기 위해서입니다.

달걀은 갑자기 핸드믹서(고속)로 섞기 시작하면 거품이 고루 나지 않고 기포의 결도 고와지지 않습니다. 반드시 저속으로 풀어 달걀의 덩어리를 없앤 다음 섞기 시작합니다. 또 달걀을 많이 사용하는 경우, 신선한 달걀을 사용하는 편이 풍미나 향을 느끼기 좋으므로 추천합니다. 단, 동시에 탄력도 강해지므로 확실히 잘 풀어주세요.

? 왜 소금을 넣나요?

강한 머랭을 만들기 위해서입니다.

달걀흰자에 소금을 넣으면 거품이 잘 나지 않습니다. 대신 잘 사라지지 않는 '고운 기포'로 가득찬 강한 머랭을 만들 수 있습니다. 달걀흰자만을 핸드믹서로 무리하게 거품 내면 큰 기포가 생기며 금방 사그라들 수 있습니다.

5 다시 섞어 머랭을 만든다.

4에 나머지 그래뉴당의 1/2 양을 넣고 핸드믹서(고속)로 큰 원을 그리듯이 돌려 볼록볼록 한 상태가 될 때까지 섞는다. 다시 나머지 그래뉴당을 넣고, 떠 올렸을 때 끝부분이 약간 아래를 향하는 정도가 될 때까지 거품 낸다.

? 그래뉴당은 달걀흰자에 한 번에 넣으면 안 되나요?

몇 번에 나눠 넣어야 폭신한 식감으로 만들어집니다.

머랭 만드는 법은 그래뉴당을 조금씩 넣는 방법과 그래뉴당을 한 번에 넣는 방법 두 가지가 있습니다. 전자는 반죽이 폭신한 식감으로 완성되고, 후자는 촉촉한 식감으로 만들어집니다. 같은 재료를 사용해도 만드는 방법에 따라 완성에 차이가 생기므로, 과자의 특징이나 자신의 취향에 따라 만들어보세요.

? 머랭을 만들 때 주의할 점은 무엇인가요?

사용하는 도구가 깨끗한지 확인합니다.

머랭은 유분에 약하므로 볼이나 핸드믹서, 거품기 등에 조금이라도 유분이 남아 있으면 거품이 잘 나지 않습니다. 도구는 사용하기 전에 키친타월 등으로 닦고, 묻어 있는 이물질이 없는지 체크합니다.

6 달걀노른자 반죽에 머랭을 넣고 섞는다.

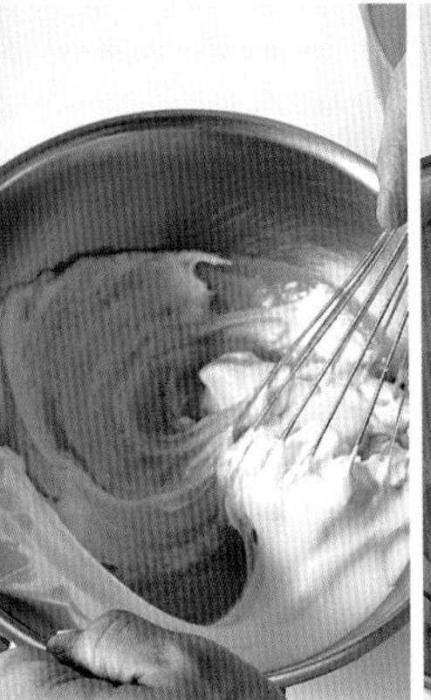
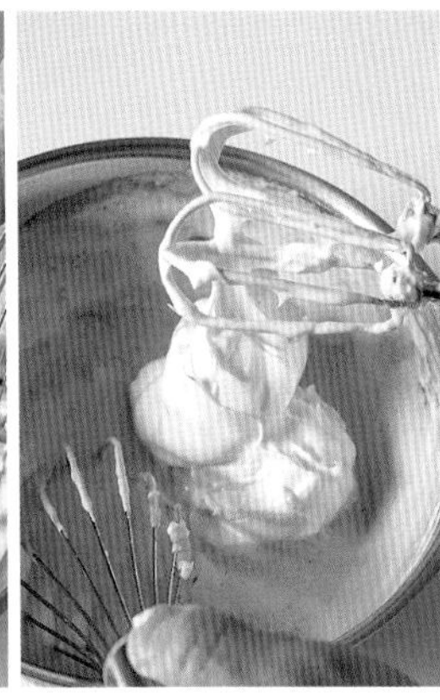
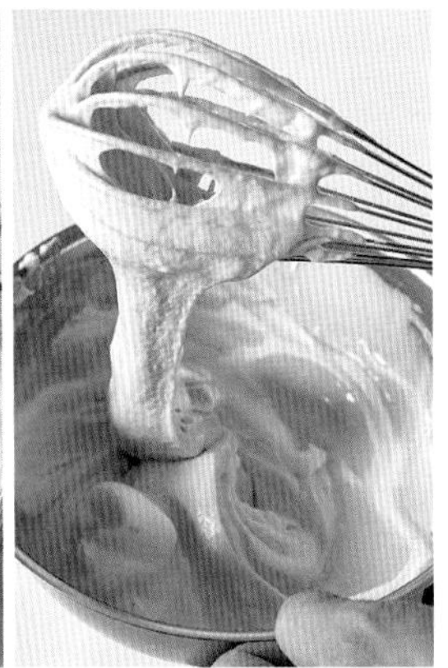

3의 달걀노른자 반죽에 머랭의 1/3 양을 넣고 거품기로 잘 어우러지도록 확실히 섞는다. 나머지 머랭의 1/2 양을 넣고 반죽을 바닥부터 떠 올려 떨어뜨린다. 이것을 10~15회 반복해 섞는다.

? 머랭에 달걀노른자 반죽을 넣어도 되나요?

안 됩니다. 반죽은 반드시 부드러운 반죽에 단단한 반죽을 넣습니다.

머랭과 달걀노른자 반죽. 단단한 정도가 다른 두 가지 반죽을 섞을 때는 부드러운 반죽에 단단한 반죽 일부를 넣고, 반죽의 상태를 근접하게 만드는 것이 중요합니다. '처음에 넣은 머랭 기포가 꺼져서 사라지는 건 아닐까?' 하고 불안한 마음이 들지도 모르겠습니다. 하지만 반죽의 상태가 고르게 되면서 결과적으로 전체를 섞는 횟수는 적어지고 반죽을 손상시키지 않은 채 섞을 수 있습니다.

? 머랭의 상태를 어떻게 유지하나요?

머랭을 사용하기 전에 2~3회 섞어줍니다.

머랭은 여러 번에 나눠 넣어 달걀노른자 반죽과 섞는데, 머랭을 넣을 때에는 2~3번 휘저어 결을 균일하게 만든 다음 달걀노른자 반죽과 섞어주세요. 머랭은 잠시 가만히 두기만 해도 기포가 꺼지므로, 섞어서 좋은 상태를 유지시킵니다.

7 나머지 머랭에 달걀노른자 반죽을 넣고 섞는다.

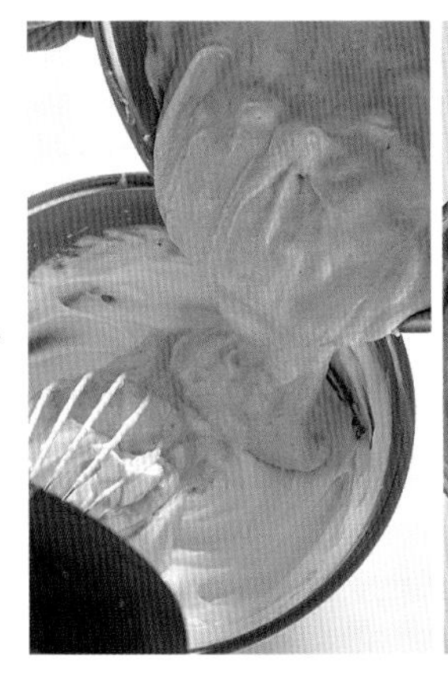
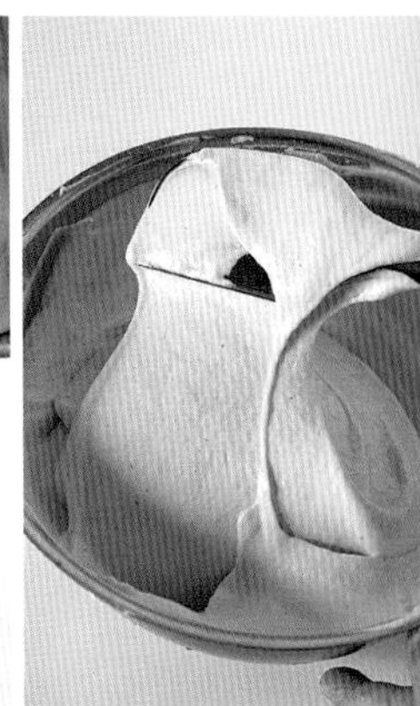

나머지 머랭에 6을 넣고 반죽을 바닥에서부터 떠 올려 떨어뜨린다. 이 과정을 반복하여 머랭이 보이지 않을 때까지 섞는다. 다시 고무주걱으로 바닥부터 뒤집어 반죽에 윤기가 날 때까지 10회 정도 더 섞는다.

? 거품기로 섞는 것이 좋을까요?

거품기 → 고무주걱 순서를 추천합니다.

이 공정에서는 머랭의 기포를 꺼뜨리지 않고 빠르게 섞는 것이 중요합니다. 자극과 유지에 약한 머랭은 고무주걱으로 섞는 것보다 거품기의 가는 와이어로 떠 올렸다가 떨어뜨리는 편이 빠르고 자극을 덜 주며 섞을 수 있습니다. 단, 마지막에는 고무주걱으로 바닥부터 뒤집듯 섞어야 고운 결로 깔끔하게 정돈됩니다.

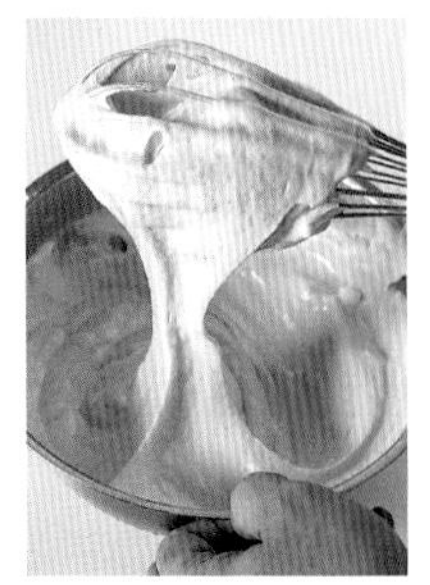

8 반죽을 틀에 넣는다.

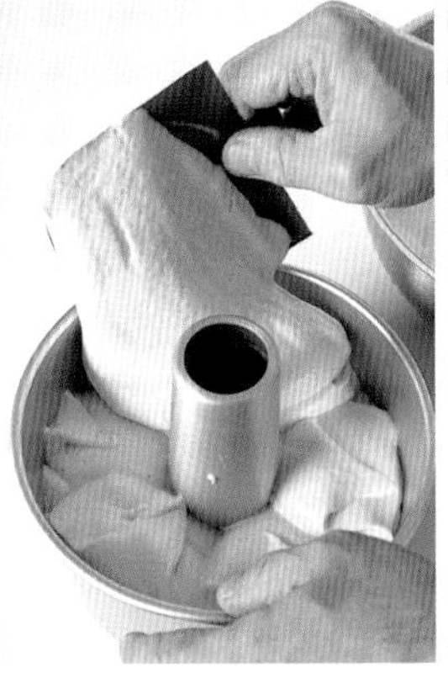
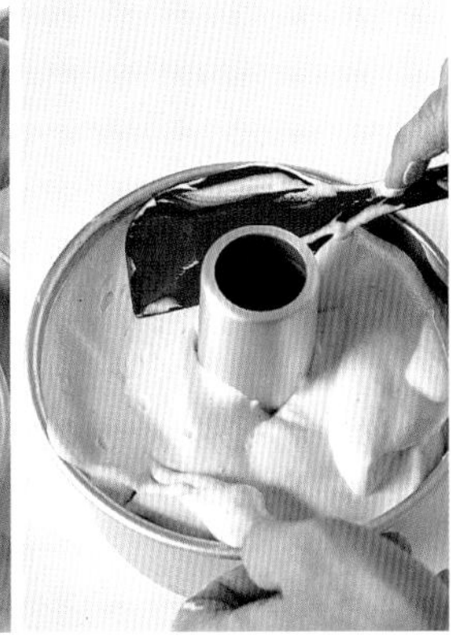

7의 1/2 양을 스크래퍼로 틀에 넣고 틀을 작업대에 1~2회 내리친다. 나머지 반죽도 틀에 넣고 고무주걱으로 가운데 부분을 한 바퀴 둘러 반죽을 다듬는다. 다시 틀 안쪽에서 바깥쪽 방향으로 비스듬하게(안쪽은 낮게, 바깥쪽은 높게) 다듬고, 통 부분을 깔끔히 닦아낸다. 틀 가장자리를 따라 엄지손가락을 한 바퀴 돌려 움푹 파이도록 한다.

? 틀에 넣을 때의 포인트는 무엇인가요?

반 정도 넣은 후 공기를 빼고,
반죽은 틀 가운데 부분과 가장자리를 움푹 파이게 합니다.

반죽의 1/2 양을 넣고 틀째로 들어올려 1~2회 내리쳐, 반죽을 고르게 함과 동시에 틀 구석구석까지 반죽이 고루 퍼지도록 합니다. 이때 고르게 함으로써 여분의 공기가 빠지고, 반죽에 구멍이 생기는 것을 막을 수 있습니다. 반죽을 한 번에 모두 넣고 틀을 내리치면 아래쪽~중앙의 공기가 빠지지 않습니다. 또 반죽의 중심을 낮게, 바깥쪽을 높게 다듬고 가장자리를 따라 한 바퀴 움푹 파이게 하는 것은 굽는 도중 반죽이 흘러넘치는 것을 막기 위해서입니다. 반죽은 중심에서 바깥쪽으로 대류하므로, 수평으로 다듬으면 넘치게 됩니다.

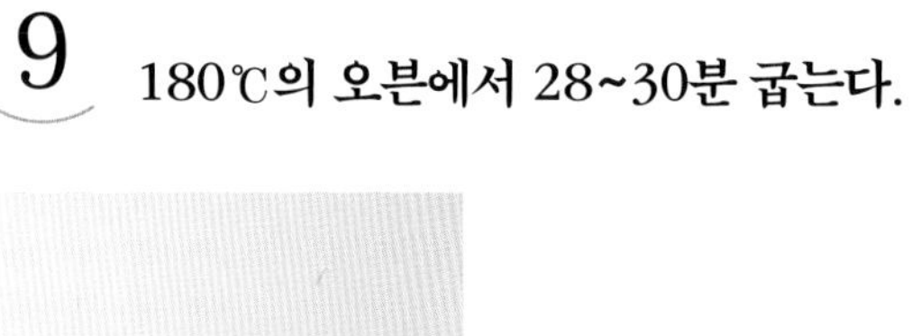

9 180℃의 오븐에서 28~30분 굽는다.

8을 180℃로 예열한 오븐에서 28~30분간 굽는다. 폭신하게 부풀고 갈라진 곳에도 구움색이 들면 꺼낸다. 케이크 식힘망에 거꾸로 뒤집어 올려 식힌다.

? 어느 정도 굽나요?

갈라진 부분에 구운 색이 들 때까지 구워주세요.

다 구워졌는지 오븐 문 너머로 확인하고 싶을 때는 반죽의 갈라진 부분을 체크하면 됩니다. 이 부분에 구운 색이 들어 있으면 잘 익었다는 증거. 그리고 계속 보고 있으면 눈치 챌 수 있지만, 반죽이 최고조로 빵빵하게 부푼 다음 약간 가라앉아 바깥쪽에 주름이 드는 타이밍도 다 구워진 기준이 됩니다. 가장 많이 부풀었을 때 꺼내면 아직 중심 쪽이 완전히 익지 않은 상태이므로 주의합니다. 또 시폰케이크는 거꾸로 뒤집어 식혀야 무게에 의해 주저앉는 것을 막을 수 있습니다.

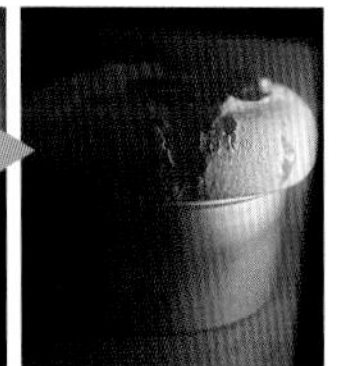

10 틀에서 꺼낸다.

틀 바깥쪽으로 튀어나온 반죽을 손으로 안쪽으로 모은다. 틀 옆면을 따라 칼을 바닥까지 닿도록 끼워 넣어, 위아래로 많이 움직이지 않도록 주의하며 한 바퀴 돌린다. 가운데 통 부분에도 칼을 끼워 넣고 위아래로 미세하게 움직이면서 한 바퀴 돌린다. 통 부분을 잡고 반죽을 틀에서 분리시킨 후 틀 바닥과 반죽 사이에 칼을 넣는다. 다시 통 부분을 잡고 반대로 뒤집어 틀에서 분리시킨다.

? 어떻게 하면 실패하지 않고 꺼낼 수 있나요?

틀을 따라 칼을 확실히 넣고, 손으로 꾹 눌러 분리합니다.

틀에서 분리할 때 필요한 것은 대범함입니다. 칼을 조금씩 움직이면 반죽을 손상시킬 수 있습니다. 칼을 꽂아 넣고 틀을 따라 한 번에 움직여주세요. 칼을 사용하지 않고 손으로 분리하는 경우는 윗면→옆면으로 반죽을 틀에서 빼내듯 대범하게 꽉 누릅니다. 모양이 찌그러져도 틀에서 빼낸 후 반죽은 원래 모양으로 돌아가므로 안심하세요.

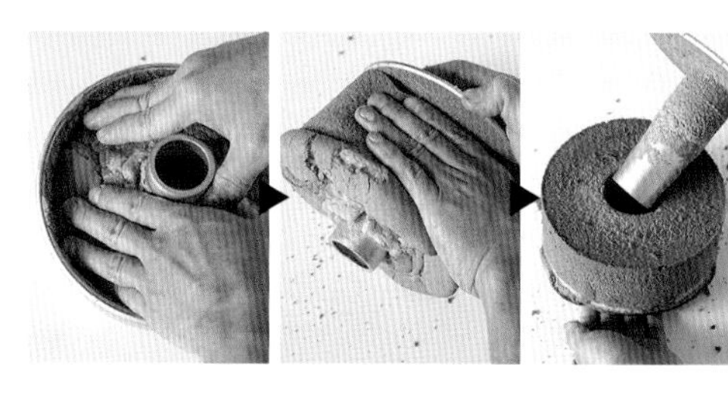

실패했나요?

실패 예 ① 바닥이 움푹 파였다(위쪽 방향으로).

원인
- 예열이 부족했다.
- 머랭을 제대로 만들지 않았다.

가정용 오븐은 열원이 위쪽에만 있는 경우가 많아 아래쪽 가열은 약한 편입니다. 결과적으로 반죽이 위로만 부풀어, 바닥이 위로 올라가게 됩니다. 예열 시, 철판을 오븐에 넣어 따뜻하게 데워두는 것도 좋습니다. 또 머랭은 너무 부드러워도, 너무 단단해도 안 됩니다. 끝이 아래쪽을 향할 정도로 거품 내지 않으면 반죽에 수분이 고여 쪄지면서 움푹 파이게 됩니다.

실패 예 ② 옆면이 움푹 파여 주저앉았다.

원인
- 머랭을 제대로 만들지 않았다.
- 뒤집어 식히지 않았다.

머랭이 너무 부드러웠거나, 머랭과 달걀노른자 반죽을 너무 많이 섞어 기포를 다 꺼뜨렸거나, 구운 다음 바로 뒤집지 않아 반죽 무게로 주저앉은 등 다양한 원인을 생각할 수 있습니다.

실패 예 ③ 하얗고 큰 구멍이 생겼다.

원인 머랭과 달걀노른자 반죽이 잘 섞이지 않았다.

머랭을 너무 단단하게 거품 냈기 때문에 머랭과 달걀노른자 반죽이 잘 섞이지 않은 상태입니다. 이런 경우는 머랭과 달걀노른자 반죽을 제대로 섞어 개선할 수 있습니다. 충분히 섞지 않으면 구울 때 반죽 속의 머랭이 찌그러져 반죽에 구멍이 가득 생깁니다. 구멍은 머랭 덩어리가 있던 자리로, 구우면서 사라져 구멍 주변이 하얗게 되는 것입니다.

Arrange

쫄깃한 시폰케이크로 응용

폭신폭신한 타입의 시폰케이크와는 다른, 촉촉하면서 쫄깃한 식감이 특별해요.
재료나 만드는 법을 조금만 바꿔도 색다른 맛을 즐길 수 있습니다.

재료(지름 17cm의 시폰틀 1개분)

달걀노른자 4개분
꿀 20g
두유 50g
현미유(또는 식용유) 30g
박력분 90g
[머랭] 달걀흰자 4개분
상백당 60g
소금 1꼬집

사전준비

- 머랭용 달걀흰자를 볼에 넣고 냉동실에 5~10분간 넣어 가장자리가 약간 얼 때까지 차게 만든다.
- 박력분을 체에 친다.

만드는 방법

1. 볼에 달걀노른자를 넣고 거품기로 푼 후 꿀을 넣어 섞는다.
2. 작은 냄비에 두유와 현미유를 넣고 약한 불로 끓어오르기 직전까지 데운다. 1에 한 번에 넣어 섞는다.
3. 2에 박력분을 넣고 가루 느낌이 없어질 때까지 섞는다. 반죽이 걸쭉해지고 윤기가 날 때까지 30~40회 정도 더 섞는다.
4. 달걀흰자에 소금, 상백당을 넣고 핸드믹서(저속)로 푼다. 핸드믹서(고속)로 큰 원을 그리듯이 섞고, 떠올렸을 때 끝이 약간 아래를 향할 정도로 머랭의 거품을 낸다. 그다음은 시폰케이크 만드는 방법 6~10(P.74~76)과 같은 방법으로 만든다. 단, 만드는 방법 8~9에서 반죽을 틀에 넣을 때는 흘려 넣고, 170℃로 예열한 오븐에서 30~35분간 굽는다.

Arrange.

단맛은 '꿀과 설탕', 수분은 '두유'로 대체

꿀과 두유를 넣으면 풍미가 생기고 촉촉하면서 쫄깃한 식감으로 완성됩니다. 또한 꿀은 두유 특유의 콩비린내를 줄여줍니다. 설탕은 그래뉴당보다 더 촉촉한 상백당으로 사용합니다. 단, 상백당은 단맛이 강하므로 분량을 줄였습니다.

Point. 두유는 너무 데우면 분리되고 풍미도 옅어집니다. 냄비 가장자리가 보글거리면 불을 끄세요.

Arrange.

머랭을 만들 때는 달걀흰자에 설탕을 한 번에 넣는다

처음부터 설탕을 모두 넣어 설탕에도 수분을 확실히 머금게 한 채로 머랭을 만들면 더욱 촉촉하고 쫄깃한 식감이 됩니다. 설탕은 전량을 한 번에 넣으면 거품이 잘 나지 않지만 끈기 있게 계속 섞어줍니다. 결이 곱고 매끄러운 머랭이 완성됩니다.

반죽은 직접 틀에 흘려 넣는다

폭신폭신한 타입의 시폰케이크보다 반죽이 묽으므로 스크래퍼로 떠 넣지 않아도 됩니다. 직접 흘려 넣어주세요.

Arrange

시폰케이크 응용

폭신폭신, 쫄깃쫄깃. 과일과 허브 등의 재료를 더해 향이 풍부한 시폰케이크로 만들어보세요.

시폰케이크(폭신폭신한 타입) 응용

오렌지&로즈마리 더하기 (a)

오렌지 과즙에 감귤과 허브 향이 감도는 맛

재료(지름 17cm의 시폰틀 1개분)

달걀노른자 4개분
그래뉴당 30g
현미유(또는 식용유) 30g
오렌지즙 50g
오렌지껍질(간 것) 1개분
다진 로즈마리 1줄기분
A | 박력분 90g
  | 베이킹파우더 1/4작은술(1g)
[머랭] | 달걀흰자 4개분
  | 그래뉴당 70g
  | 소금 1꼬집

Point. 시폰케이크(P.70) 재료에서 갈색 글씨 재료를 변경한 것입니다. 오렌지즙이 달기 때문에 머랭에 사용하는 그래뉴당의 양을 약간 줄였습니다.

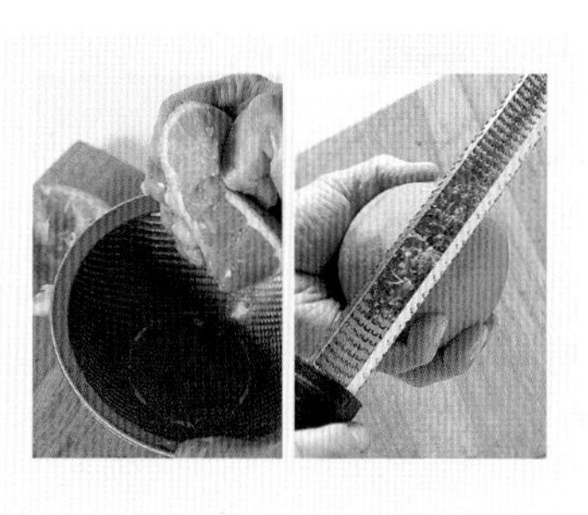

시폰케이크 만드는 방법 1(P.71)에서 비정제설탕과 바닐라슈거를 그래뉴당으로 변경한다. 만드는 방법 2(P.71)에서 현미유와 함께 오렌지즙, 오렌지껍질, 로즈마리를 데운다. 그다음은 같은 방법으로 만든다.

바나나 더하기 (b)

촉촉한 식감에 매료

시폰케이크 재료 중(P.70) 물 50g을 30g으로 줄인다. 바나나 100~120g은 볼에 담고, 포크 뒷면으로 으깨 페이스트 상태를 만든다. 시폰케이크 만드는 방법 3(P.72)에서 가루 느낌이 없어질 때까지 섞은 후, 바나나를 넣고 다시 섞는다. 그다음은 같은 방법으로 만든다.

쫄깃한 시폰케이크 응용

커피&럼건포도 더하기 (c)

좋은 향이 가득 퍼져 행복에 빠지다

쫄깃한 시폰케이크 재료 중(P.79) 두유 50g을 40g으로 줄이고, 현미유(또는 식용유) 30g을 40g으로 늘린다. 머랭의 상백당 60g은 그래뉴당 70g으로 변경한다. 물 20g, 인스턴트커피 2큰술을 섞어서 커피액을 만들고, 럼건포도(P.41) 30g은 다진다. 쫄깃한 시폰케이크 만드는 방법 3(P.79)에서 가루 느낌이 없어질 때까지 섞은 후, 커피액과 럼건포도를 넣고 섞는다. 만드는 방법 4(P.79)에서 달걀흰자에 그래뉴당을 넣고 그다음은 같은 방법으로 만든다.

• 응용 시 주의할 점
유분이 많은 초콜릿을 넣으면 머랭의 기포가 점점 무너지면서 반죽 안에 구멍이 생기는 경우도 있습니다. 코코아파우더, 말차, 콩고물을 가루류에 넣는 경우 수분량 등 재료의 배합이 크게 달라지므로 주의합니다. 여기서 소개하는 레시피에는 넣지 않습니다.

5. 초콜릿 반죽

과자 중에서
가장 까다롭다고
여겨지는 쇼콜라.
그렇기에 더욱
정성껏 만들어야 한다

과자를 만들 때 저는 마음속으로 '맛있어져라, 맛있어져라!' 하고 빌곤 합니다. 만드는 사람의 마음이 과자에 직접 반영된다고 항상 실감하기 때문입니다. 하지만 초콜릿 과자를 만들 때는 그 내용이 조금 달라요. '부탁이니까 이쪽 좀 봐줘! 모두 사이좋게 지내봐…'라며 마치 사람에게 말을 걸듯 초콜릿을 배려하려고 합니다. 여기까지 읽으신 분들은 '그렇게까지 해야 하나?'라고 생각할지도 모르겠습니다. 하지만 그 정도로 초콜릿은 까다로운 존재입니다. 초콜릿 과자는 평소와 다름없이 만들어도 실패하는 일이 종종 생깁니다. 그 이유는 초콜릿은 온도나 섞는 방법이 약간만 달라져도 상태가 변하기 때문입니다. 마치 좋아하는 사람이 갑자기 쌀쌀맞게 대하거나, 기분을 상하게 하는 느낌과 비슷합니다. 하지만 그렇기 때문에 성공했을 때의 기쁨이란 이루 말할 수 없습니다. 놀라울 정도로 맛있음은 물론이고요.

지금 제가 가장 좋아하는 초콜릿 과자에는 두 종류가 있습니다. 하나는 마치 공기를 머금은 듯 가벼운 맛을 느낄 수 있는 '가토 쇼콜라', 또 하나는 한 입 먹으면 눈이 번쩍 뜨일 정도로 진한 맛의 '테린느 오 쇼콜라'입니다. 같은 초콜릿 과자라도 마치 정반대의 위치에 있는 듯한 두 가지의 맛을 꼭 맛보길 바랍니다.

가토 쇼콜라(별립법)

부드럽고 폭신한 식감을
만들기 위해
'다 섞기 전에
다음 재료를 넣는'
독특한 방법을 사용한다

가토 쇼콜라는 진하고 생초콜릿처럼 끈적한 케이크 같다는 인상이 강하지만, 실제로 가토 쇼콜라에는 다양한 식감을 내는 레시피가 있습니다. 이번에 소개하는 것은 제가 가장 좋아하는 가토 쇼콜라입니다. 초콜릿 속에 공기를 넣은 듯한 가벼운 식감, 바깥쪽은 바삭하게 무너지고 안쪽은 반죽이 사르르 녹는 듯한 신기한 맛이 응축되어 있습니다. 촉촉하고 부드러운 정석 레시피도 좋지만, 저는 단연코 폭신한 쪽을 선호합니다.
만들 때는 머랭, 초콜릿, 가루를 순서대로 섞어가는데, '재료가 완전히 섞이기 전에 다음 재료를 넣어 섞는' 것이 포인트입니다. 이것은 '재료를 완전히 섞은 후 다음 재료를 넣는' 것이 이론인 일반 과자와는 다른 특징으로, 가토 쇼콜라를 폭신하게 완성하기 위해 빼놓을 수 없는 공정입니다. 만약 이 공정을 다른 과자에 맞춰 만들면 아무런 맛도, 특색도 없는 납작한 가토 쇼콜라가 만들어집니다. 과자 만들기는 어떤 재료를 사용해 무엇을 만드느냐에 따라 수많은 응용이 가능해집니다. 하나의 이론에 사로잡히지 말고, 유연하게 생각하는 것이 좋습니다.

• 별립법 : 달걀노른자와 달걀흰자를 따로 거품 낸 다음 합치는 제법

가토 쇼콜라(별립법)

사전준비

- 머랭용 달걀흰자를 볼에 넣고 냉동실에 5~10분간 두어 가장자리가 약간 얼 정도로 차게 만든다.
- 틀에 유산지를 깐다.
- A는 합쳐 체에 친다.

굽는 시간	180℃ / 30~35분
재료 (지름 15cm의 바닥 분리형 원형틀 1개분)	초콜릿(제과용·50~60%) 50g 무염버터 40g 달걀노른자 2개분 그래뉴당 30g 우유 10g A │ 박력분 10g 　 │ 코코아파우더 25g [머랭] │ 달걀흰자 2개분 　 │ 그래뉴당 40g 　 │ 소금 1꼬집
가토 쇼콜라 (별립법) 동영상 레슨	

1 초콜릿을 중탕하여 녹인다.

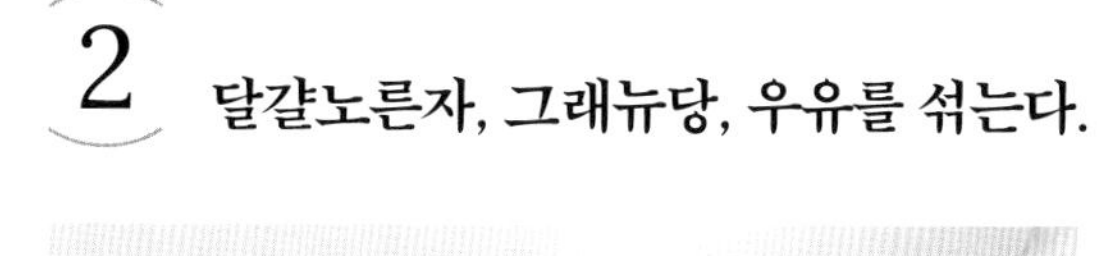

2 달걀노른자, 그래뉴당, 우유를 섞는다.

볼에 초콜릿, 버터를 넣고 중탕(70~80℃)하여 녹인다. 중탕에서 내린 후 거품기로 섞는다.

다른 볼에 달걀노른자를 넣고 거품기로 푼다. 그래뉴당을 넣어 하얗고 점성이 생길 때까지 섞은 다음 우유를 넣고 섞는다. 1의 볼에 넣고 섞는다.

? 중탕할 때 주의할 점은 무엇인가요?

중탕 온도는 70~80℃를 유지합니다.

초콜릿을 녹일 때 중탕하는 물이 끓어오르지 않도록 합니다. 김이 살짝 나오는 정도의 온도(70~80℃)로 합니다. 중탕하는 물의 온도가 너무 높으면 초콜릿의 성질이 변화하고, 기름이 분리되어 떠오르거나 카카오 부분이 굳는 경우도 있습니다. 이 상태가 되면 고쳐 사용할 수 없기 때문에 새로 만들어야 합니다. 또 섞을 때는 공기가 너무 많이 들어가지 않도록 거품기를 세워 천천히 섞어 주세요.

NG

중탕하지 않고 전자레인지로 가열한 경우. 당분이 분리되어 굳고, 카카오도 탔다.

NG

80℃ 이상의 중탕으로 녹인 경우. 초콜릿이 덩어리진 채로 녹아 제각각인 상태가 되었다.

3 달걀흰자에 소금과 그래뉴당을 넣고 섞는다.

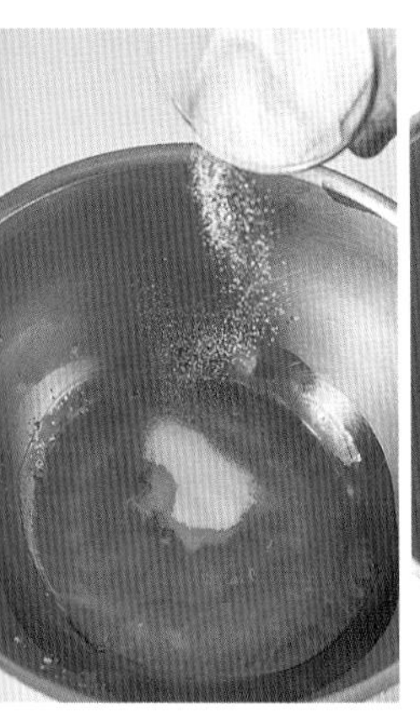

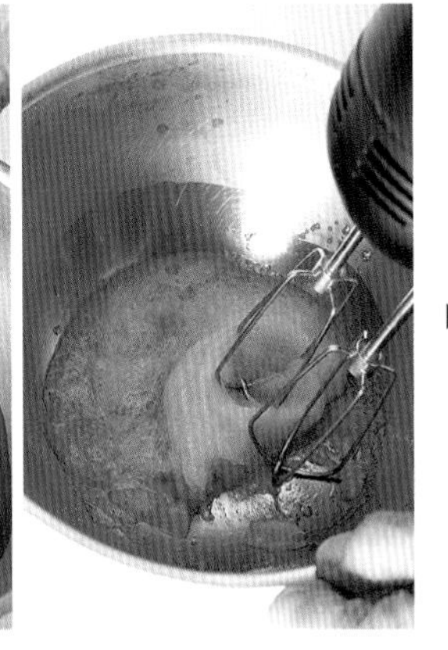

머랭용 달걀흰자에 소금과 그래뉴당의 1/4 양을 넣고 핸드믹서(저속)로 푼다. 다시 핸드믹서(고속)로 큰 원을 그리듯 움직여 점성이 생길 때까지 섞는다.

4 다시 섞어 머랭을 만든다.

3에 나머지 그래뉴당의 1/3 양을 넣고 핸드믹서(고속)로 큰 원을 그리듯이 섞어 몽글몽글한 상태를 만든다. 나머지 그래뉴당을 두 번에 나눠 넣고 같은 방법으로 섞는다. 거품기로 떴을 때 끝이 약간 아래를 향할 정도까지 거품을 낸다.

? 어떤 초콜릿을 사용하면 좋나요?

제과용 초콜릿을 두 종류 이상 조합하여 사용합니다.

제과용 커버추어 초콜릿은 판 초콜릿에 비해 입에서 녹는 정도나 풍미가 좋은 것이 특징입니다. 다만 제품에 따라 풍미나 개성이 다르므로 한 종류의 맛에 치우치지 않도록 카카오의 원산지가 다르거나 메이커가 다른 것 등을 두 종류 이상 선택해 활용하기를 추천합니다. 이 책에서 베이스로 사용한 것은 '발로나'의 '카라크(CARAQUE, 56%)'입니다. 부드럽고 맛이 고급스러우며 다루기도 쉽습니다.

? 머랭은 거품을 확실하게 내는 것이 좋나요?

초콜릿 상태와 비슷한 정도로 거품을 냅니다.

종류가 다른 두 가지를 섞을 때는 상태를 가능한 한 비슷하게 만듭니다. 뿔이 뾰족하게 설 정도로 단단한 상태에서는 끈적한 초콜릿과 섞일 때까지 시간이 걸려 기포가 꺼집니다. 머랭은 끝이 약간 아래를 향할 정도로 만들어 주세요.

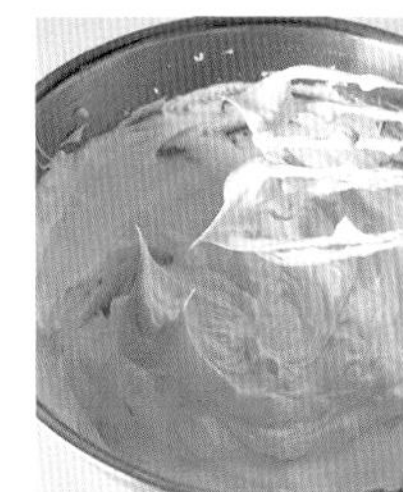

NG

5 초콜릿에 머랭을 넣고 섞는다.

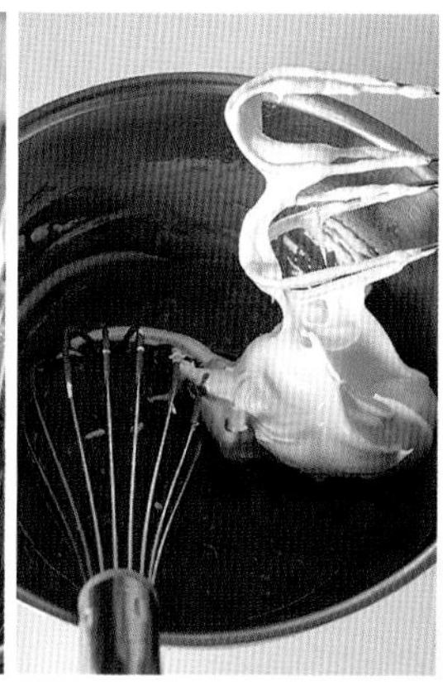

2에 머랭의 1/3 양을 넣고 거품기로 골고루 섞는다. 다시 나머지 머랭의 1/2 양을 넣고 반죽을 바닥부터 떠 올린 다음 떨어뜨린다. 이 작업을 반복하여 10회 정도 섞는다.

6 가루류, 머랭을 넣고 섞는다.

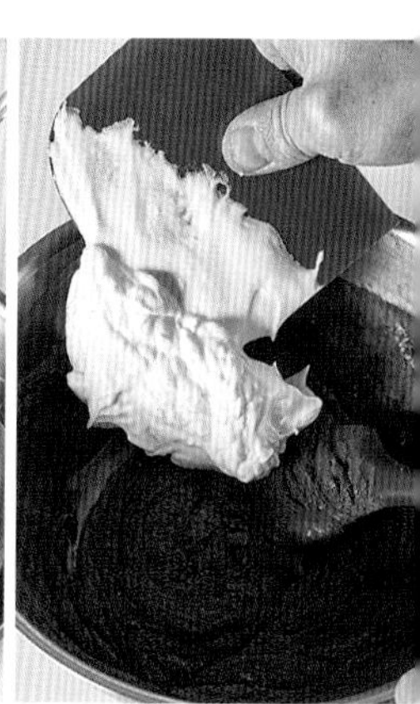

5에 A를 넣고 고무주걱으로 바닥부터 뒤집어 섞는다. 가루 느낌이 남아 있는 상태에서 나머지 머랭을 넣고 반죽을 바닥부터 떠 올린 다음 떨어뜨린다. 이 작업을 반복하여 머랭이 보이지 않을 때까지 섞는다.

? 머랭은 초콜릿에 한 번에 넣어도 괜찮나요?

한 번에 전부 넣으면 안 됩니다.
1/3씩 넣어 섞어주세요.

카카오의 유지에는 달걀흰자의 기포를 파괴하는 성질이 있어, 한 번에 넣으면 거품 낸 머랭이 사라집니다. 먼저 1/3 양을 전체에 펼친 다음 섞고, 단단한 정도를 머랭과 비슷해지도록 만듭니다. 또 전체가 섞이기 전(마블 형태)에 다음 공정을 진행해 머랭이 가능한 한 죽지 않도록 합니다.

? 섞을 때 요령이 있나요?

바닥부터 뒤집듯이 섞습니다.

초콜릿과 가루류는 볼의 바닥에 고이기 쉬우므로, 반드시 바닥부터 위아래를 뒤집듯이 섞어주세요. 섞을 때는 볼을 회전시키면서 손목을 돌리듯 섞으면 효율적으로 전체를 골고루 섞을 수 있습니다.

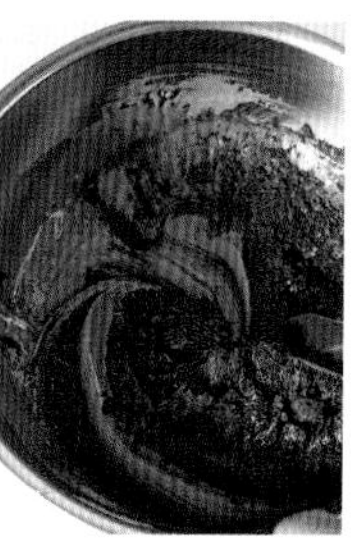

7 반죽을 틀에 넣는다.

6을 틀에 붓고 작업대에 2~3회 내리친 후 고무주걱으로 반죽을 다듬는다.

8 180℃의 오븐에서 30~35분간 굽는다.

7을 180℃로 예열한 오븐에서 30~35분간 굽고 반죽 속을 꼬치로 찔렀을 때 아무것도 묻어나오지 않으면 오븐에서 꺼낸다. 틀에서 분리하고 유산지를 제거한 후 식힘망에 올려 식힌다.

? 촉촉한 식감의 가토 쇼콜라를 만들고 싶어요.

머랭을 확실히 섞어주세요.

여기에서 소개하는 가토 쇼콜라는 폭신폭신한 식감을 즐길 수 있는 타입입니다. 만약 촉촉하고 진한 가토 쇼콜라를 좋아한다면, 초콜릿과 머랭을 확실히 섞는 것만으로 식감을 바꿀 수 있습니다. P.89의 레시피의 만드는 법 6에서는 초콜릿과 머랭의 결이 보이지 않을 정도까지만 섞는데, 여기에서 15~20회 더 확실히 섞어주세요. 섞는 방법의 차이만으로도 두 가지의 식감을 즐길 수 있습니다.

실패했나요?

실패 예 반죽이 찌부러졌다.

원인 구운 후 틀에서 바로 분리하지 않았다.

다 구운 후에는 틀에서 바로 꺼내지 않으면 안 됩니다. 뜨거운 증기가 그대로 머무르면서 반죽 옆면이 쭈그러들고, 반죽이 무너져 식감도 나빠집니다.

성공 실패

테린느 오 쇼콜라

초콜릿 맛 달걀말이가
되지 않도록
달걀을 체에 걸러
정성껏 섞어야 한다

테린느 오 쇼콜라의 맛은 진한 초콜릿을 구워서 만든 부드러움과 입안에서 녹는 듯한 식감에 있습니다.

포인트는 '달걀을 체에 걸러 균일한 상태로 만드는 것'과 '섞을 때 공기를 넣지 않는 것'입니다. 달걀을 체에 걸러 불필요한 알끈이나 흰자 덩어리, 기포 등을 제거해야 부드러운 식감의 테린느 오 쇼콜라가 완성됩니다. 또 초콜릿과 달걀액을 섞을 때는 달걀이 보이지 않을 정도가 되어도 계속 섞어주세요. 반죽에 윤기가 생기도록 정성껏 섞어야 합니다. 여기에서 급하게 섞으면 반죽에 불필요한 공기가 들어가 금이 간 상태로 구워집니다.

사실 테린느 오 쇼콜라는 공정 수는 적지만 이 책에서 1, 2위를 다툴 정도로 어려운 과자입니다. 거의 재료를 섞는 것뿐이기 때문에 간단한 과자라고 생각하기 쉽지만, 초콜릿의 성질을 이해하지 않고 만들면 '초콜릿 맛 달걀말이'로 완성되는 경우도 있습니다. 달걀말이가 되지 않도록 초콜릿에는 불필요한 것을 넣지 않고 또 섞이지 않도록 주의합니다.

테린느 오 쇼콜라

굽는 시간	170℃ / 20분 → 160℃로 15~20분
재료 (16×7×높이 5.5cm의 파운드틀 1개분)	초콜릿(제과용·55~65%) 150g 무염버터 100g 달걀 2개 그래뉴당 50g 카소나드(또는 비정제설탕) 15g 코코아파우더 5g
테린느 오 쇼콜라 동영상 레슨	

사전준비

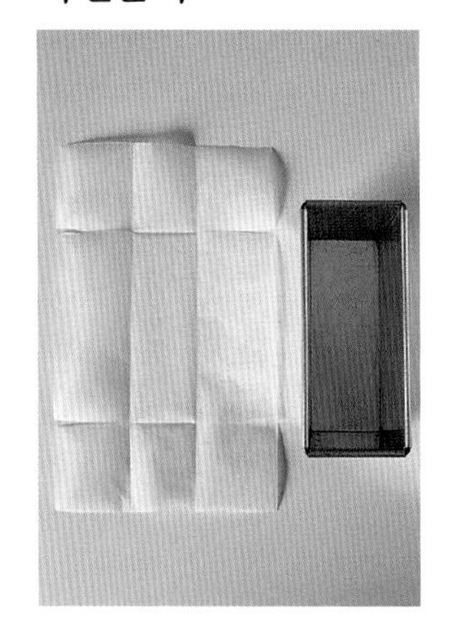

- 틀에 유산지를 깐다.

Point. 초콜릿은 두 종류 이상을 섞으면 깊은 맛을 가집니다. 코코아파우더나 버터는 고급 제품이 아니어도 괜찮아요. 무엇보다 새 제품을 사용하는 것이 테린느 오 쇼콜라를 맛있게 만드는 포인트입니다.

1 초콜릿을 중탕하여 녹인다.

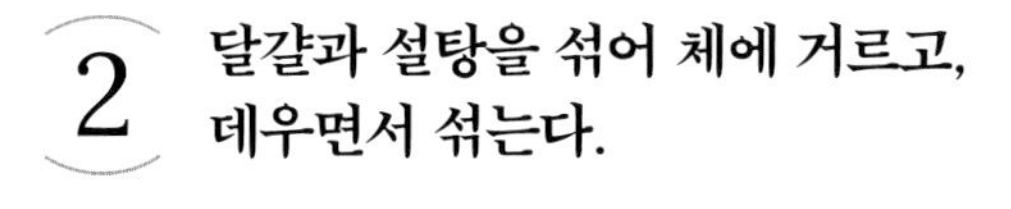

2 달걀과 설탕을 섞어 체에 거르고, 데우면서 섞는다.

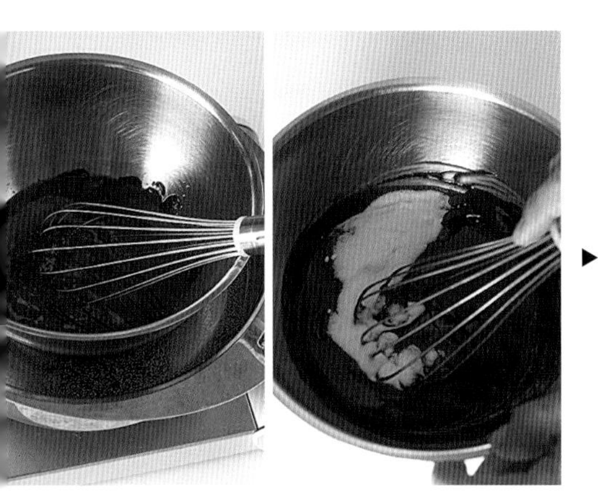

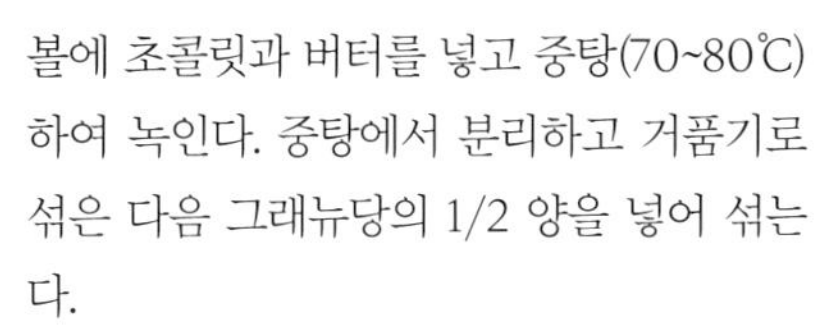

볼에 초콜릿과 버터를 넣고 중탕(70~80℃)하여 녹인다. 중탕에서 분리하고 거품기로 섞은 다음 그래뉴당의 1/2 양을 넣어 섞는다.

다른 볼에 달걀을 넣고 거품이 많이 나지 않도록 거품기로 푼다. 나머지 그래뉴당, 카소나드를 넣어 섞은 후 볼에 체를 올려 거른다. 중탕(70~80℃)하면서 내열 고무주걱으로 섞어 체온보다 약간 더 높아지도록 데운다.

? 중탕할 때 무엇을 주의해야 하나요?

중탕의 온도는 70~80℃를 유지합니다.

초콜릿을 녹일 때 중탕하는 물이 끓어오르지 않도록 합니다. 김이 살짝 올라오는 정도의 온도(70~80℃)로 합니다. 중탕 물의 온도가 너무 높으면 초콜릿의 성질이 변하고, 기름이 분리되어 떠오르거나 카카오 부분이 굳는 경우도 있습니다. 이 상태가 되면 다시 고칠 수 없으므로 새로 만들어야 합니다.

? 달걀을 왜 체에 거르나요?

식감을 좋게 만들기 위해서입니다.

달걀을 풀어 체에 거르면 다 풀어지지 않은 달걀흰자와 알끈을 제거할 수 있고, 불필요하게 생긴 기포가 섞이는 것을 막을 수 있습니다. 번거롭지만 이렇게 하면 입안에서 잘 녹는 부드러운 반죽이 만들어집니다.

3 초콜릿과 달걀액을 섞는다.

1에 2의 달걀액을 3~4회 나눠 넣고, 넣을 때마다 거품기로 섞는다. 계속해서 천천히 섞어 반죽에 윤기를 낸다.

4 코코아파우더를 넣고 섞는다.

3에 코코아파우더를 넣고 가루 느낌이 없어질 때까지 섞는다.

? 섞을 때 요령이 있나요?

온도를 맞춰 조금씩 넣어 섞습니다.

초콜릿에 달걀액을 넣을 때는 무엇보다도 조금씩 넣고, 조심조심 천천히 넣어 섞어야 합니다. 한 번에 넣으면 분리되므로 조금씩 넣어가며 섞는 것이 빨리 섞입니다. 또 두 가지의 반죽을 섞을 때 온도차가 있으면 데운 초콜릿이 달걀액에 식어 수축하기 때문에 잘 섞이지 않습니다. 필요 이상으로 섞으면 불필요한 기포가 생기므로, 반드시 재료의 온도를 맞추도록 합니다.

? 테린느 오 쇼콜라를 응용할 수 있을까요?

취향에 맞는 술을 넣어보세요.

브랜디나 코앙트로(오렌지로 만든 리큐르) 등의 술을 15g 넣으면 어른을 위한 향이 좋은 쇼콜라가 완성됩니다. 수분은 반죽이 안정되었을 때 넣어야 실패하지 않으므로 코코아파우더를 섞은 후 넣어주세요.

5 170℃에서 20분, 160℃에서 15~20분간 중탕으로 굽는다.

4를 틀에 붓고 작업대에 두 번 정도 내리친다. 철판에 트레이를 놓고 키친타월, 틀 순서로 올린 다음 뜨거운 물을 틀의 1~2cm 높이까지 붓는다. 170℃로 예열한 오븐에 넣어 20분간 중탕으로 굽고, 온도를 160℃로 낮춰 다시 15~20분간 중탕으로 굽는다. 꼬치로 찔렀을 때 반죽이 약간 묻어나오는 상태에서 꺼낸다.

6 남은 열을 식힌다.

5를 틀째로 식힘망 위에 올려 식힌다. 표면이 약간 주저앉으면 냉장실에 넣어 2시간 정도 식힌다.

? 어느 정도까지 굽나요?

꼬치에 걸쭉한 생지가 묻어나오면 됩니다.

표면이 구워졌다면 꼬치로 찔러봅니다. 꼬치에 걸쭉한 반죽이 묻어 나오거나, 구멍에서 액체(반죽)가 새어나오지 않는 상태라면 다 구워졌다는 증거입니다. 꼬치에 반죽이 묻어나오지 않을 때까지 구우면 단단하게 굳으므로 주의합니다.

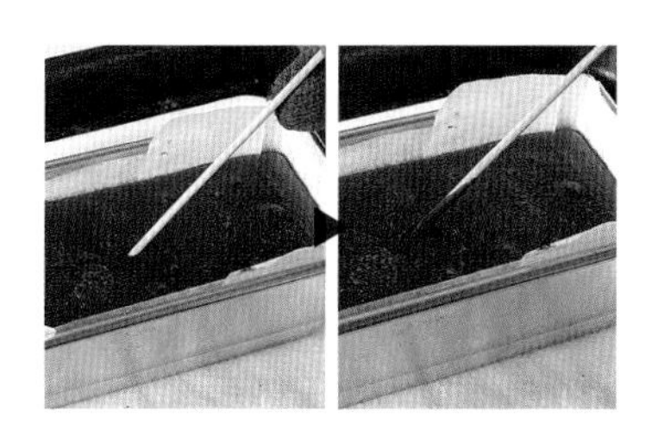

? 깔끔하게 자르는 요령이 있나요?

따뜻하게 데운 칼로 자릅니다.

테린느 오 쇼콜라는 1~1.5cm 두께로 자르는 것이 좋습니다. 자를 때는 칼을 뜨거운 물에 확실히 데운 후 반죽을 조금씩 녹이면서 단번에 자릅니다. 칼을 데우지 않고 자르면 단면이 오므라듭니다. 테린느 오 쇼콜라는 푸딩과 같이 부드러운 상태로 구워지므로 오븐에서 꺼낼 때는 많이 흔들리지 않도록 조심스럽게 다뤄주세요.

Arrange

가토 쇼콜라 응용

폭신하고 촉촉한 두 가지 식감을 즐길 수 있는 가토 쇼콜라.
과일이나 밤, 견과류를 넣으면 보다 진한 맛으로 완성됩니다.

밤 더하기 (a)

폭신하고 소박한 단맛과 초콜릿의 조화로움

가토 쇼콜라 만드는 방법 7(P.90)에서 반죽을 틀에 부은 후, 단밤(또는 마롱글라세) 50~100g을 반죽 속에 박는다. 그다음은 같은 방법으로 만든다.

- 같은 분량의 견과류로도 만들 수 있다.
- 건조 단밤이나 견과류는 반죽 속에 박아 넣어 굽는다.

블루베리 더하기 (b)

촉촉한 달콤새콤함이 식욕을 자극한다

가토 쇼콜라 만드는 방법 7(P.90)에서 반죽을 틀에 부은 후 블루베리(냉동도 가능) 50~80g을 뿌린다. 그다음은 같은 방법으로 만든다.

- 같은 분량의 다른 종류의 베리를 넣어 만들 수 있다.
- 수분이 많은 과일은 표면에 뿌려 그대로 굽는다.

6. 스콘 반죽

수십 년 동안
변함없이 만들고 있는
최고의 '애정 레시피'

스콘은 영국의 전통 과자 중 하나입니다. 학생 시절, 현지에서 홈스테이를 한 적이 있는데 티타임 때 스콘을 정신없이 먹었던 추억이 있습니다. 홍차와 함께 잼이나 크림을 발라 즐기는 소박한 스콘을 저는 무척 좋아했어요. 친구들이 이상하게 볼 정도로 그 맛에 흠뻑 빠져 있었습니다.
스콘에는 '과자처럼 부서지는 타입'과 '빵처럼 바삭하면서 폭신한 식감을 가진 타입'이 있습니다. 기분에 따라 나눠 만들거나 배합을 응용하기는 하지만, 가장 맛있다고 생각하는 방법은 처음과 변하지 않았습니다. 가끔 당시의 레시피 노트를 보면 스콘을 향한 고집과 편애가 스스로도 굉장하게 느껴질 정도입니다. 제가 쓴 것이지만 왠지 까다로운 레시피구나, 하고 쓴웃음을 짓기도 합니다.
새로운 방법이나 재료 등 뭐든지 시험해보길 좋아하는 제가 스콘 레시피만은 몇십 년 동안 바꾸지 않고 있습니다. 부디 여러분도 이 스콘을 맛보길 바랍니다.

케이크 스콘

섞지 말 것!
자르고 겹치고
누르고 굳혀,
하나의 반죽으로 완성한다

케이크 스콘은 '반죽하지 않고 재료를 섞는' 것이 중요합니다. 볼 안에서 반죽을 섞은 후 자르고 겹치는 작업을 반복합니다. 밀가루를 반죽하여 불필요한 스트레스를 주면 빵과 같은 탄력이 생기기 때문입니다. 반죽에 탄력이 생기면 아무리 잘 구웠다 하더라도 설익은 상태가 되고, 기름이 밴 부분이 생기기도 합니다. 반죽 만들기에 실패하지 않기 위해서는 '잘라 겹치는' 과정을 게을리 하지 않고 반복하는 것, 그것이 전부입니다.

잘 구워진 스콘을 '늑대의 입'이라고 표현합니다. '늑대의 입'은 스콘 측면이 갈라진 부분을 가리키는데, 이것은 반죽 속의 수증기나 고여 있던 가스가 한 번에 빠진 표시입니다. 일반 구움과자에 비해 스콘은 베이킹파우더를 약간 더 많이 사용합니다. 스콘은 버터를 듬뿍 사용한 무거운 반죽이므로, 베이킹파우더의 힘으로 들어 올려줄 필요가 있기 때문입니다. 단, 베이킹파우더에서 생기는 가스가 스콘 속에 남게 되면 풍미가 나빠질 수도 있습니다. 그런 점에서 '늑대의 입'이 생긴 것은 반죽에서 가스가 제대로 빠져나왔으므로 풍미 가득한 스콘이 만들어졌다는 증거입니다.

케이크 스콘

굽는 시간	190℃ / 15~18분
재료 (지름 5cm 크기 원형틀 7~8개분)	A 박력분 200g 베이킹파우더 8g 그래뉴당 40g 바닐라슈거(또는 그래뉴당) 10g 소금 1꼬집 무염버터 60g B 달걀 1개 플레인요거트 10g 생크림 50g
케이크 스콘 동영상 레슨	

사전준비

- 버터는 차가운 상태에서 사방 1cm 크기로 잘라 냉장실에 넣어 차게 만든다.
- A를 합쳐 체에 치고, 냉장실에 30분 이상 넣어두어 차게 만든다.
- B를 볼에 넣어 섞고, 냉장실에 30분 이상 넣어두어 차게 만든다.

? 재료를 차게 만들어두는 이유는 무엇인가요?

버터가 녹지 않도록 하기 위해서입니다.
보슬보슬 부서지는 듯한 식감을 만들기 위해서는 버터를 녹이지 않고 가루와 섞어야 합니다. 작업 중에 체온으로 버터가 녹는 것을 최대한 막기 위해 직전까지 가루류와 버터, 달걀액은 차갑게 해둡니다. 여기에서 재료를 확실히 차갑게 해두어야 맛있는 스콘을 만들 수 있습니다.

1 가루류, 설탕, 소금을 버터와 비벼 섞는다.

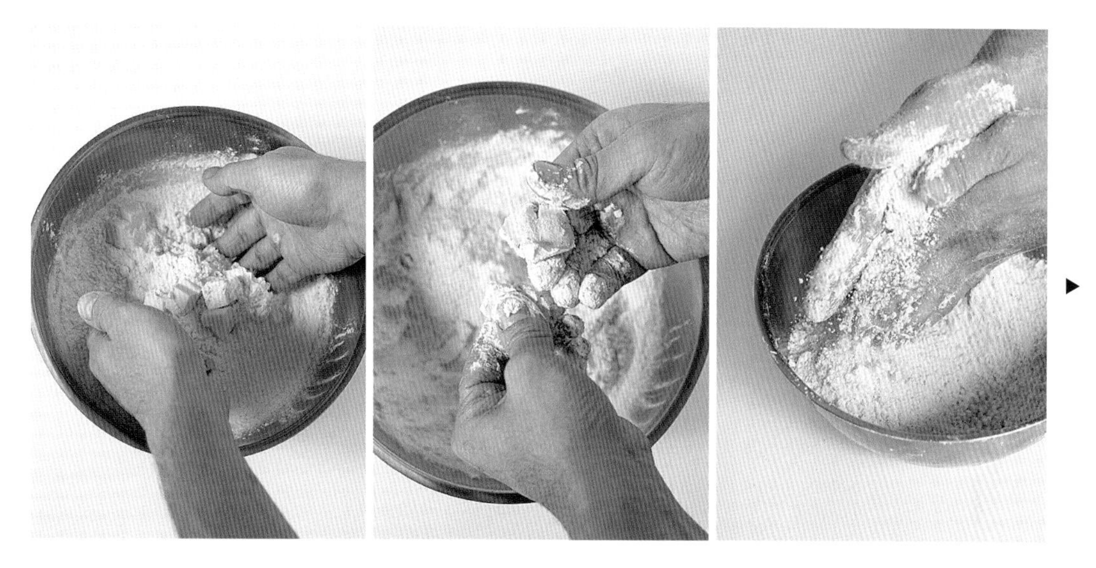

볼에 A와 버터를 넣고 버터에 가루류를 버무린다. 손가락으로 버터를 으깨면서 가루류와 비벼 섞는다. 버터 입자가 작아지면 양손으로 빠르게 비벼 섞어 보슬보슬하게 만든다.

? 어떻게 하면 버터가 녹지 않게 작업할 수 있나요?

먼저 버터에 가루류를 묻혀 코팅합니다.

버터는 체온으로도 녹기 때문에 버터를 직접 만지면 안 됩니다. 버터에 가루를 묻히고 평평하게 누른 다음 빠르고 조심스럽게 보슬보슬한 상태가 될 때까지 비벼 섞어주세요. 버터가 차가울 때 이 작업을 진행할 수 있는지 없는지에 따라 식감과 풍미에 큰 차이가 나타납니다. 또는 푸드 프로세서에 재료를 전부 넣고 섞어도 좋습니다.

2 달걀액을 넣고 섞는다.

1의 가운데를 비우고 B를 넣는다. 고무주걱으로 중심 부분을 20회 정도 섞은 후 바닥부터 위아래로 뒤집으며 가루류가 달걀액을 흡수할 때까지 섞는다.

3 스크래퍼로 자르듯이 섞는다.

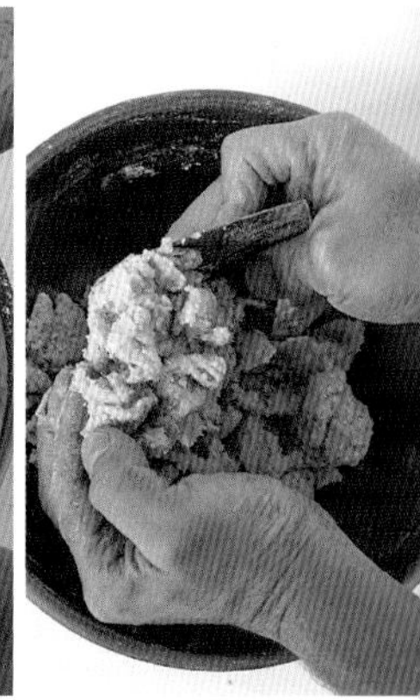

스크래퍼로 자르듯이 섞은 후 다시 손과 스크래퍼로 바닥부터 위아래로 뒤집으며 고르게 섞어 소보로 상태(보슬보슬한 상태)를 만든다.

? | 가루류와 달걀액을 한 번에 섞으면 안 되나요?

조금씩 섞어야 빨리 섞입니다.

가루류와 달걀액을 섞을 때는 조금씩 나눠 넣고 섞는 것이 빠르고 균일하게 잘 섞입니다. 볼을 기울여도 달걀액이 흘러내리지 않을 정도로 가루류와 조금씩 섞어 달걀액을 흡수시킵니다.

? | 스크래퍼로 바꾸는 이유는 무엇인가요?

자르듯이 섞기 위해서입니다.

두툼한 날의 고무주걱은 반죽을 필요 이상으로 뭉개기 때문에 얇은 스크래퍼로 자르듯 섞습니다. 가루류는 볼 바닥에 고이므로, 반드시 바닥을 뒤집듯이 섞어주세요. 가루가 잘 어우러지도록 스크래퍼로 자르듯이 섞으면서 질감을 균일하게 맞춰갑니다.

4 반죽을 반으로 잘라 겹친다.

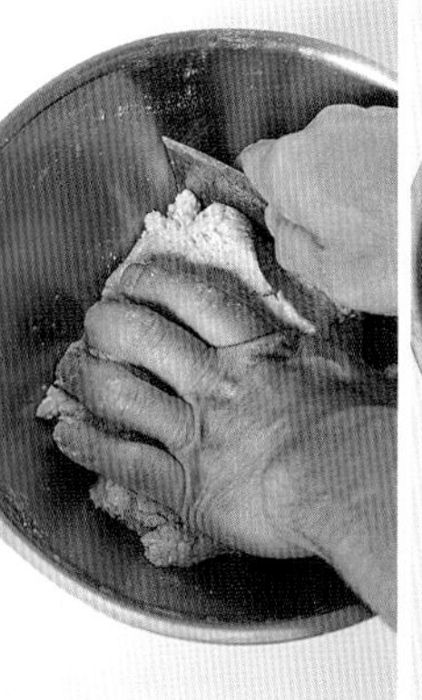

반죽을 손으로 꾹 눌러 뭉친 후 스크래퍼로 반 잘라 겹친다. 이 과정을 5~6회 반복한다.

5 반죽을 늘린다.

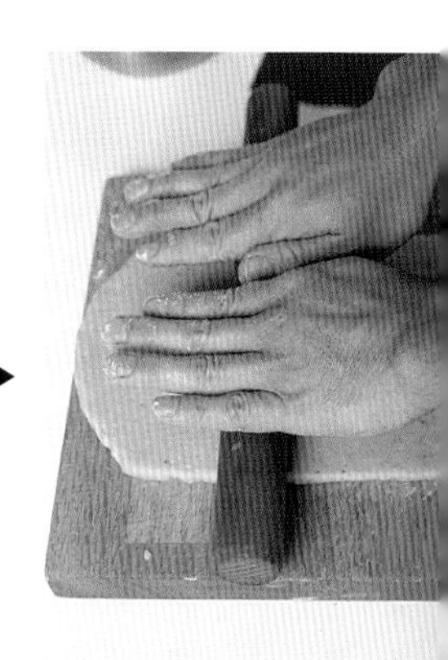

도마 등의 작업대에 덧가루를 적당량(분량 외) 뿌리고 반죽을 꺼내 올린다. 밀대로 1cm 두께로 밀어 직사각형을 만든다.

? 반죽을 볼에서 꺼내 작업해도 되나요?

더러워질 수 있으므로 볼 안에서 작업하는 것이 효율적입니다.

반죽은 볼 안에서 다듬어야 가루가 날리거나 이물질이 묻지 않습니다. 흩어진 것들을 위에서 손으로 꾹 눌러 한 덩어리로 뭉쳐주세요. 반죽을 치대면 불필요한 탄력이 생기고 단단해지므로 '자른다→겹친다→눌러 뭉친다'를 반복해 색이나 버터의 입자가 반죽에 균일하게 섞이도록 합니다.

? 반죽을 고르게 늘리는 방법은 무엇인가요?

밀대로 누른 다음 늘립니다.

오른쪽 사진처럼, 먼저 밀대로 전체를 눌러 반죽을 넓히면 효율적으로 고른 두께로 밀 수 있습니다. 밀 때는 밀대 끝을 잡으면 힘이 균등하게 들어가지 않으므로 가운데에 손을 올려 굴려주세요. 이렇게 늘리는 작업을 통해 반죽을 압축하여 더욱 균일하게 반죽을 정돈합니다.

6 반죽을 겹쳐 휴지시킨다.

반죽을 칼로 반 잘라 겹친다. 2장 겹친 비닐랩으로 감싼 후 냉장실에 넣어 1시간 휴지시킨다.

7 틀로 찍고 190℃의 오븐에서 15~18분간 굽는다.

도마 등의 작업대에 덧가루를 적당량(분량 외) 뿌리고 반죽을 꺼내 올린다. 표면에도 덧가루를 얇게 뿌린다. 반죽을 모양틀로 찍는다. 자투리 반죽은 한 덩어리로 가볍게 뭉쳐 다시 모양틀로 찍고 나머지는 뭉친다. 유산지를 깐 철판에 나란히 올린 후, 윗면에 우유 적당량(분량 외)을 붓으로 얇게 바른다. 190℃로 예열한 오븐에서 15~18분 굽고, 꺼내서 식힘망에 올려 열기를 없앤다.

? 반죽을 반으로 잘라 겹치는 이유는 무엇인가요?

깔끔하고 맛있게 굽기 위해서입니다.

틀로 찍을 때 반죽을 2cm 두께로 늘린 다음 찍는 것보다 1cm 두께의 반죽을 2장 겹친 다음 틀로 찍는 편이 좋습니다. 그럼 표면이 갈라지지 않고 깔끔하게 구워지고, 스콘이 맛있게 구워졌다는 증거인 '늑대의 입'(가로 방향으로 크게 갈라진 부분)도 만들어지기 쉬워요. 또 굽기 전에 차게 해두어야 굽는 도중 버터가 녹거나 기름이 분리되어 뜨는 일도 없습니다.

? 틀로 찍을 수 없는 자투리 반죽은 어떻게 하나요?

모아서 틀로 찍거나 뭉칩니다.

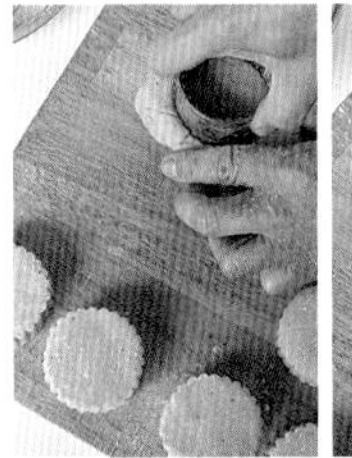

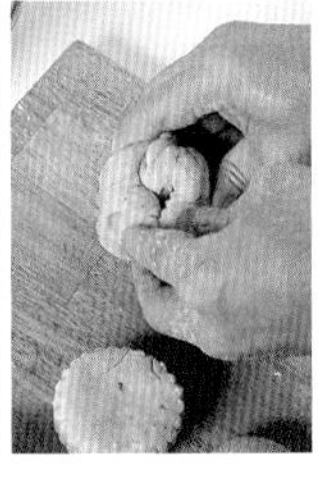

자투리 반죽을 가볍게 뭉쳐 틀로 찍고, 남은 반죽을 다시 뭉쳐주세요. 이때 반죽에 불필요한 탄력이 생기거나 단단해지지 않도록 힘을 주어 뭉치거나 반죽하지 않도록 주의합니다. 틀로 찍을 때는 망설이거나 주저하면 옆면이 너덜너덜해지므로 단번에 찍어주세요. 또 굽기 직전까지 반죽을 차게 해두어야 옆면이 깔끔하게 구워집니다.

실패했나요?

실패 예 ① 생지가 퍼졌다.

원인 버터가 녹았다.

버터를 직전까지 차게 해두지 않았거나, 버터가 가루류와 섞일 때 녹았거나, 반죽을 냉장실에 넣어 휴지시키지 않은 등 스콘을 만드는 과정에서 버터가 녹으면 구울 때 버터가 흘러나와 튀김과 같은 상태가 됩니다. 반죽도 늘어져 퍼지므로 버터는 녹지 않도록 주의하고, 반죽은 냉장실에서 확실히 휴지시킵니다.

성공 실패

실패 예 ② 얼룩덜룩하게 구워졌다.

원인 고르게 섞이지 않았다.

재료를 확실히 차게 만들었다 해도 가루류와 달걀액, 버터를 균일하게 섞거나 비벼 섞지 않으면 색이 얼룩덜룩하게 구워지거나 반죽 표면이 울퉁불퉁해집니다. 가루에 달걀의 색이 고르게 들어가 반죽 전체가 얼룩 없이 노랗게 되었는지, 버터의 입자가 반죽 전체에 고르게 섞였는지 등 반죽 상태를 확인하면서 만드는 것도 중요합니다.

성공 실패

스콘 응용

버터 향이 감돌고 은은한 단맛을 지닌 케이크 스콘에 재료를 넣어보세요.
또는 배합을 약간 달리하여 빵과 같은 스콘도 만들어보세요.
다양한 방법으로 응용할 수 있습니다.

케이크 스콘의 반죽을 응용

빵 스콘 (a)

재료(5×5cm 크기 7개분)

A | 박력분 100g
강력분 100g
베이킹파우더 5g
비정제설탕 30g
소금 2꼬집

무염버터 50g

B | 달걀 1개
우유 50g
현미유(또는 식용유) 10g

만드는 방법

1. 케이크 스콘의 사전준비와 만드는 과정 1~3(P.104~106)까지 같은 방법으로 만든다.
2. 반죽을 도마 등의 작업대에 꺼내 한 덩어리로 뭉친다. 손바닥으로 눌러 펴고 가운데 방향으로 접는다. 표면이 매끈해지고 들러붙지 않을 때까지 이 과정을 10~20회 정도 반복한 후, 한 덩어리로 뭉친다. 덧가루를 적당량(분량 외) 뿌리고 밀대로 2cm 두께로 민 후, 2장을 겹친 비닐랩으로 감싼다. 냉동실에 넣어 15분간 휴지시킨다.
3. 도마 등의 작업대에 덧가루를 적당량(분량 외) 뿌리고 반죽을 꺼내 올린다. 네 변의 가장자리를 조금씩 잘라내어 사각형으로 만든 후, 6등분하여 자른다. 잘라낸 반죽은 부드럽게 뭉쳐 한 덩어리를 만든다. 그다음은 같은 방법으로 만든다.

Arrange.

반죽을 작업대에 꺼내 끈적이지 않을 때까지 반죽한다.

반죽이 작업대에 달라붙지 않고 매끈하게 떼어질 때까지 반죽합니다. 손가락으로 눌렀을 때 반죽이 천천히 제자리로 돌아오면 OK. 반죽하는 동안 체온으로 반죽이 따뜻해지므로 냉동실에 넣어 급랭시킵니다. 냉장실에 넣으면 열심히 반죽하여 생긴 탄력이 없어지므로 냉동실에 넣어주세요.

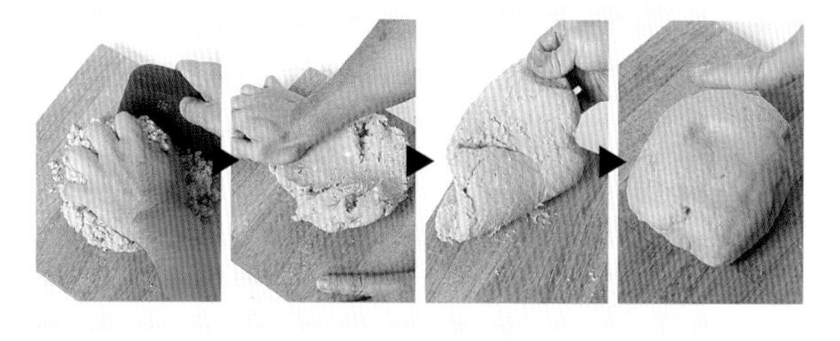

Arrange.

반죽은 틀로 찍지 않고 균등하게 잘라 나눈다.

칼로 자를 때 톱처럼 날을 앞뒤로 움직이지 않습니다. 단면이 너덜너덜해지지 않도록 한 번에 눌러 잘라주세요. 자르고 남은 자투리 반죽은 한 덩어리로 뭉칩니다. 케이크 스콘과 마찬가지로 틀로 찍어 만들 수 있습니다.

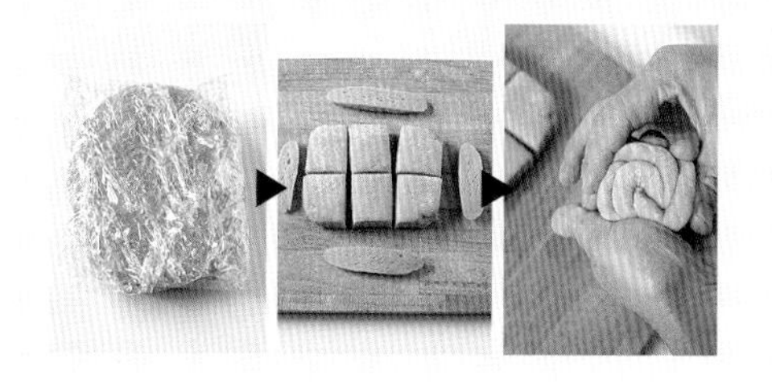

빵 스콘의 재료를 응용

옥수수가루 더하기 (b)

오돌토돌한 식감과 고소함이 최고

빵 스콘 만드는 방법 2(위)까지 같은 방법으로 만든다. 도마 등의 작업대에 덧가루 적당량을 뿌리는 대신 옥수수가루 30g을 뿌리고 반죽을 올린다. 그다음은 같은 방법으로 만든다.

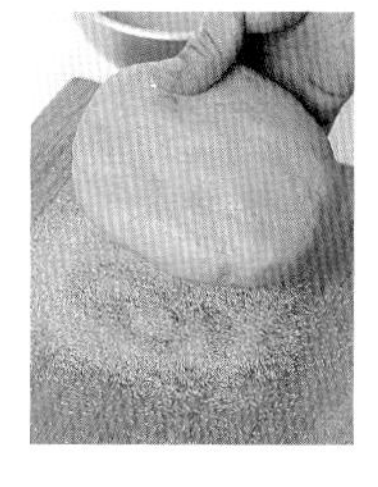

케이크 스콘의 재료를 응용

초콜릿과 건포도 더하기 (c)

두 가지 재료를 넣어 화려한 맛으로 완성

초콜릿칩 30g과 건포도 30g은 냉장실에 30분 이상 두어 차게 만든다. 케이크 스콘 만드는 방법 3(P.106)에서 소보로 상태(보슬보슬한 상태)가 될 때까지 섞은 후 초콜릿칩과 건포도를 넣는다. 그다음은 같은 방법으로 만든다.

재료

과자를 만들 때 빠질 수 없는 '밀가루', '설탕', '버터', '달걀', '소금'의 역할에 대해 소개합니다. 평소 무심코 사용해왔던 재료들의 역할을 잘 이해하면 과자를 만드는 것이 더욱 즐겁고 친숙하게 느껴질 것입니다.

과자의 기둥이 되는

밀가루

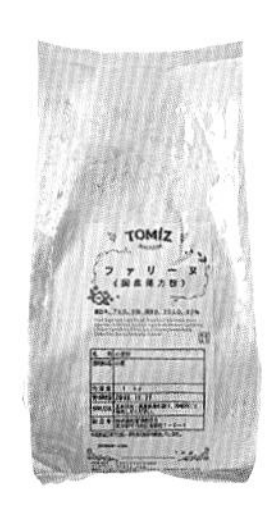

밀가루는 함유된 단백질 양이 많은 순서대로 강력분, 중력분, 박력분으로 분류합니다. 단백질 양이 많을수록 반죽은 밀도나 탄력이 증가하기 때문에 부드러운 식감의 과자를 만들 때는 박력분이 가장 적당합니다.

밀가루 속 단백질은 수분과 결합해 글루텐이라고 하는 물질이 되어 과자의 모양이나 식감을 좌우합니다. 예를 들어, 박력분을 너무 많이 넣거나 반죽을 너무 많이 섞으면 글루텐 양이 증가하여 반죽이 단단해지거나 점성이 생깁니다. 또 구울 때 수축하여 모양이 일그러지거나 입에서 녹는 식감도 나빠집니다. 만드는 방법 중에서 '반죽에 윤기가 날 때까지 10~20회 정도 섞는다'와 같이 상세 설명이 있는 과정은 반죽을 너무 많이 섞거나 부족하게 섞지 않게 하여 그 과자에 적합한 반죽 상태를 만들기 위함입니다.

또한 밀가루는 외부의 냄새나 습기를 흡수하기 쉽고 상하기 쉬운 성질을 가지고 있으므로, 개봉하면 빨리 사용하도록 합니다.

과자에 단맛을 더한다

설탕

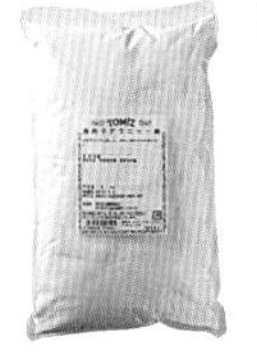

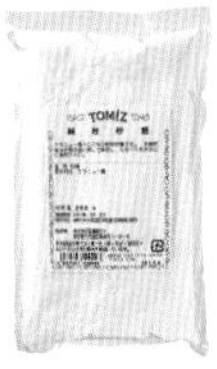

과자의 맛을 끌어내기 위해서는 단맛이 적당히 필요합니다. '과자 만들 때 넣는 설탕의 양에 놀랐다', '설탕 양이 많아서 줄여 넣었다'와 같은 이야기를 종종 듣는데, 신중하지 않게 가감을 하면 실패할 수 있으므로 주의해야 합니다. 설탕의 양이 같더라도 반죽의 밀도가 높으면 더 달게 느껴지고 가벼운 식감인 경우에는 단맛이 덜 느껴집니다. 이처럼 식감과 느껴지는 맛을 고려하면서 설탕의 양을 결정하는 것입니다. 더욱이 '수분을 유지시켜 촉촉하게 만든다', '구움색이 보기 좋게 나도록 한다', '기포가 사라지지 않게 유지한다' 등 단순히 맛을 내는 것 외에도 중요한 역할이 있으므로, 단맛에만 신경을 쓰면 식감이나 구운 색 등 다양한 균형이 무너질 수도 있습니다.

이 책에서는 '그래뉴당'을 메인으로 식감도 좋고 반죽에 빨리 섞이는 '슈거파우더', 깊은 맛과 풍미가 좋은 '비정제설탕', 향이 풍부한 '바닐라슈거', 부드러운 맛의 '카소나드'를 과자에 따라 구분해 사용하고 있습니다.

바닐라슈거

시판품도 있지만, 바닐라빈을 과자 만들 때 사용했다면 '꼬투리'는 버리지 않고 수제 바닐라슈거를 만들어 재사용해봅시다. 바닐라스틱의 꼬투리 2~3개를 말려서 건조시킨 다음 끝의 단단한 부분을 잘라 제거합니다. 그래뉴당 적당량과 함께 믹서에 넣어 간 후 체에 칩니다. 체 위에 남은 꼬투리는 다시 곱게 갈아주세요.

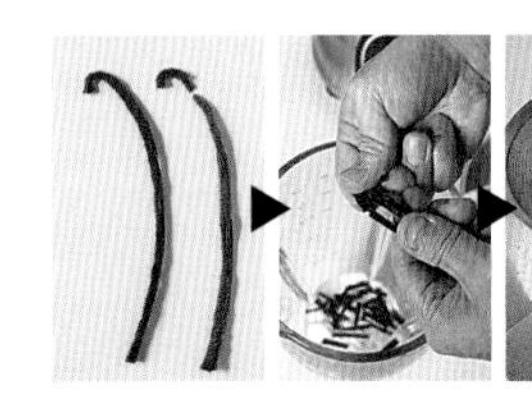

과자의 식감을 좋게 하고 풍미를 준다

버터

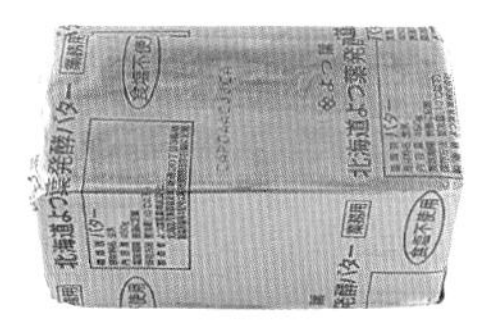

촉촉한 식감부터 바삭한 식감까지, 버터의 사용법에 따라 과자의 식감은 놀랄 정도로 크게 달라집니다. '점토처럼 얇게 늘어나 재료와 재료 사이에 들어가 층을 만든다', '공기를 많이 머금어 크림 상태가 되고 반죽을 폭신하게 부풀린다', '글루텐이 생기는 것을 막고 바삭바삭, 보슬보슬한 식감을 준다' 등 풍미를 좋게 만드는 것 외에도 중요한 역할을 담당합니다.
이 책에서는 주로 '무염 발효버터'를 사용하고 있습니다. '소금'은 적은 양으로도 짠맛이 생기고 반죽이 단단해지는 등 미치는 영향이 크기 때문에 과자를 만들 때는 반드시 '무염버터'를 사용하도록 합니다. '발효버터'는 강한 향과 감칠맛이 있으므로 취향에 따라 사용합니다.
버터는 공기에 닿는 면이 산화하기 때문에 보관할 때는 비닐랩이나 알루미늄 포일로 밀착시켜 감싼 후 저장팩에 넣어 냉장 보관합니다.

재료들을 잘 결합하여 굳힌다

달걀

달걀은 다른 재료와 조금 다른데, 맛이나 풍미보다 기능적인 면을 완수하는 역할이 큽니다.
'공기를 많이 넣어 반죽을 부풀린다', '물과 기름을 연결해 유화시킨다', '반죽을 제대로 굳히지만 입에 넣으면 보슬보슬, 바삭바삭 부서지는 듯한 식감을 만든다' 등 달걀의 성질을 이용하여 쿠키나 스펀지케이크, 시폰케이크, 테린느 오 쇼콜라 등의 과자를 완성합니다.
이 책에서 달걀은 모두 M(전란 50g·달걀노른자 20g·달걀흰자 30g) 사이즈를 사용합니다. 달걀은 수분으로서의 활동도 하기 때문에 집에 L 사이즈밖에 없다면 양을 조절해주세요. 그대로 사용하면 반죽의 수분량이 너무 많아지므로 주의해야 합니다. 또 달걀은 가능한 신선한 것을 사용하고, '상온에 둔다', '살짝 얼린다', '중탕하여 데운다' 등 과자에 맞는 온도로 사용해야 달걀이 가진 능력을 최대한으로 발휘할 수 있습니다.

과자 맛을 섬세하게 만든다

소금

'과자를 만드는데 소금?'이라고 생각하는 사람도 있을지 모르겠습니다. 아주 적은 양의 '한 꼬집'을 넣느냐 넣지 않느냐에 따라 맛의 깊이가 달라집니다. 게다가 '밀가루의 글루텐 작용을 강화하여 반죽에 강한 탄력을 준다', '머랭 기포를 곱게 한다' 등 소량으로도 반죽을 만들 때에 큰 영향을 주기 때문에 사용량에 주의해야 합니다.
이 책에서는 깊은 맛을 지닌 프랑스 천일염 '게랑드 소금'을 사용하고 있습니다.

도구

가지고 있는 도구를 사용하는 것이 기본이지만, 과자를 더 잘 만들고 싶은 분들은 참고해 주세요. 도구를 선택할 때는 쓸 때 편리한지 다른 사람들에게 물어보거나 조사하는 일도 필요하지만 본인 손에 착 감겨오는지의 감각도 중요합니다.

볼

'스테인리스'와 '내열 유리볼'을 사용합니다. 스테인리스제는 오염이나 녹에 강한 것이 장점입니다. 유리 내열볼은 전자레인지로 가열할 때 사용합니다. 크기는 지름 20~22cm 정도의 제품을 주로 사용하지만 재료의 양이나 용도에 따라 사이즈별로 준비해두면 편리합니다.

고무주걱

적당히 휘며, 손잡이 부분과 주걱 부분이 일체인 것을 사용합니다. 일체되지 않은 것은 사이의 틈에 재료가 들어가 관리하기 어렵습니다. 또 잡았을 때 본인 손에 잘 들어맞는 것을 선택합니다.

스크래퍼

잡았을 때 손에 잘 맞는 것을 추천합니다. 적당히 휘면 작업하기 쉽습니다. 또 곡선 부분은 볼 옆면에서 작업할 때, 직선 부분은 작업대 등의 평면에서 작업할 때 사용합니다.

거품기

볼과 함께 사용하는 경우가 많으므로 손잡이 부분이 모두 볼 바깥으로 나오는 정도의 크기가 사용하기 좋습니다. 27cm 정도의 제품이 하나 있으면 과자 만들기에는 큰 무리가 없지만, 크기별로 대·소를 준비해두면 편리합니다.

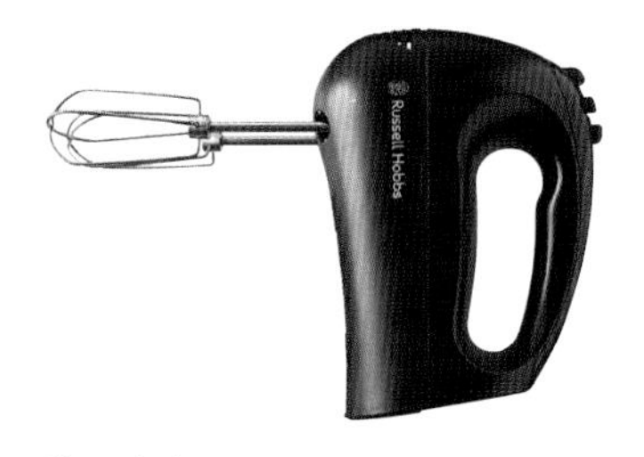

핸드믹서

반죽을 섞는 끝부분이 풍선 모양인 것을 선택합니다. 끝이 뾰족한 형태는 반죽에 조금밖에 닿지 않아 잘 섞이지 않습니다. 풍선 형태는 반죽에 닿는 부분이 넓어, 많은 양을 보다 빠르게 섞을 수 있습니다.

밀대

어느 정도 무게가 있는 것을 고릅니다. 본인의 체중만으로 반죽을 늘리려 하면 좌우의 균형이 한쪽으로 치우치기 쉽습니다. 밀대에 어느 정도 무게가 있는 편이 힘을 균등하게 주기 쉬워 안정적으로 작업할 수 있습니다.

틀

'파운드 틀'은 파운드케이크일 경우 18×9×높이 6cm의 제품, 테린느 오 쇼콜라의 경우 16×7×높이 5.5cm의 제품을 사용합니다. '원형 틀'은 스펀지케이크는 지름 15cm, 가토 쇼콜라는 지름 15cm이면서 바닥이 분리되는 타입입니다. '시폰 틀'은 지름 17cm의 제품을 사용합니다. 재질은 오븐 열이 고르게 전달되어 반죽이 보기 좋게 구워지는 '양철'이나 '알루미늄'을 추천합니다.

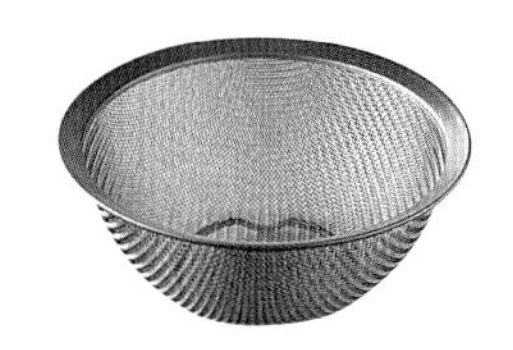

체

스테인리스 재질로 된 망 모양의 체를 사용합니다. 구멍을 뚫어놓기만 한 체는 가루나 액체가 부드럽게 쳐지지 않아 과자를 만들 때는 사용하지 않습니다.

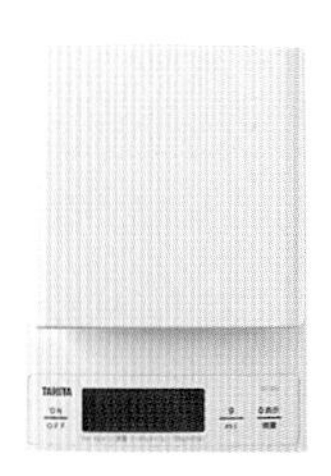

전자저울

과자를 만들 때는 정확한 계량이 매우 중요합니다. 계량을 조금이라도 틀리면, 반죽 상태가 크게 달라지므로 반드시 1g 단위로 계량할 수 있는 전자저울을 사용합니다.

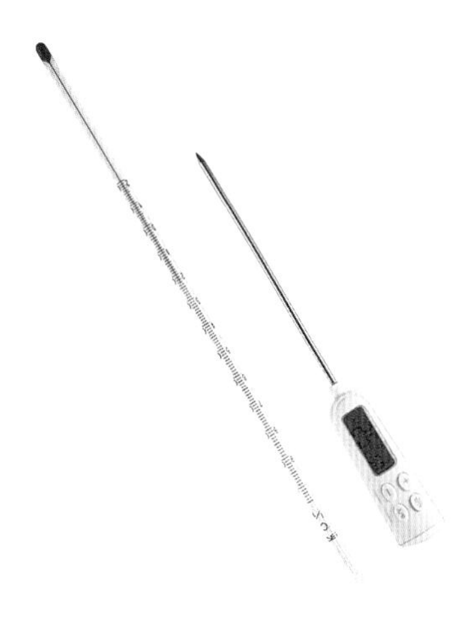

온도계

전자온도계는 신속하게 잴 때 편리합니다. 50℃ 이상의 것을 잴 경우는 100℃를 잴 수 있는 온도계를 준비합니다. 온도를 관리하면 실패할 일도 적어집니다.

맛있는 과자 반죽의 비밀

2019년 9월 20일 초판 1쇄 인쇄
2019년 9월 27일 초판 1쇄 발행

지은이 무라요시 마사유키
옮긴이 용동희
감수 김재호

펴낸이 정상석
책임편집 송유선
디자인 김보라
펴낸 곳 터닝포인트(www.diytp.com)
등록번호 제2005-000285호

주소 (03991) 서울시 마포구 동교로27길 53 지남빌딩 308호
전화 (02) 332-7646
팩스 (02) 3142-7646
ISBN 979-11-6134-056-2 (13590)

정가 15,000원

내용 및 집필 문의 diamat@naver.com
터닝포인트는 삶에 긍정적 변화를 가져오는 좋은 원고를 환영합니다.

—
이 도서의 국립중앙도서관 출판예정도서목록(CIP)은 서지정보유통지원시스템 홈페이지(http://seoji.nl.go.kr)와
국가자료공동목록시스템(http://www.nl.go.kr/kolisnet)에서 이용하실 수 있습니다. (CIP제어번호: CIP2019031620)